成為讓部屬願意追隨的上司

51個帶人先帶心的領導力

岩田松雄
Matsuo Iwata

「ついていきたい」
と思われる
リーダーになる
51の考え方

前言

不過就是很普通的中年大叔嘛！

託大家的福，常有人邀請我演講。但讓我感到很有趣的是在進入演講會場時，觀眾常會露出驚訝的表情。

演講的主辦單位為我製作的資料是這麼寫的：「四十三歲首次成為股票上市公司社長，四十七歲擔任美體小舖社長，接著在五十一歲時成為日本星巴克公司CEO……」。

我想，以這樣的資歷，觀眾一定十分期待看到一位非常了不起的人物，或是具有非凡魅力的人。

但是，出現在眼前的卻是一個路人甲！本文開頭第一句話，就是參加演講的觀眾告訴我的感想。

沒錯，我確實是個普通的中年大叔。如果大家認為我與想像中的領導者印象有太大差異，這也沒有辦法的事。

我四十多歲就當上股票上市公司社長，後來又擔任外商公司的社長等職務，這是我作夢也沒有想過的。

社會上，或許有人天生就是領導者的料，但我完全不是這樣的人。不論求學時代或是出了社會，我想，周圍的人都沒有把我視為領導者。

但這樣的我卻老是受到周圍的人擁護，不知不覺就當上了社長。

我想透過本書，讓大家了解你也可以辦得到。

你認為成為領導者或社長的，都是特別的人嗎？例如，天生就具備過人的領導統御能力，或是有非常傑出表達能力，自然散發出能讓人追隨的個人魅力等。在這麼想的同時，也認為自己根本做不到嗎？

絕非如此。**我認為任何人只要努力，都能成為領導者，當然也能擔任社長。**

在此先簡單自我介紹一下。我在一九八二年自大學畢業，二十三歲即進入日產汽車公司。進公司第八年後，也就是在我三十二歲時，利用公司的留學制度而赴美國洛杉磯加州大學（UCLA）安德生管理學院留學，取得了MBA學位。

歸國三年後，當時三十七歲的我被當時剛成立的外商策略顧問企業日本JEMINI公司挖角，開始擔任資深顧問。一年半後，進入了日本可口可樂公司。四年後再轉入以製造大頭貼機器及遊戲軟體聞名的娛樂業者ATLUS公司，第二年即升任社長。

後來，ATLUS公司被併入大玩具廠商TAKARA公司旗下，我開始擔任TAKARA的常務董事。兩年後轉任美體小舖社長，接著又擔任日本星巴克公司的CEO。

看到這裡，大家或許會覺得我的經歷十分多采多姿。但實際上，這段過程並非一帆風順。

在日產汽車工作時，因為與上司合不來，曾被調到非汽車部門，而且受到的評價也不理想。

後來我提出了留學申請，好不容易考進UCLA，但到正式入學前，我幾乎都處於接近精神崩潰的邊緣。回想起來，我從大學畢業到四十歲以前，可以說是不斷遭受到挫折與磨難。

各位讀者當中，或許也有人依照目前的狀況，而懷疑自己是有資格能成為一位領導者。也可能在思考自己是否有能力擔任領導者？是否能夠勝任？或是認為自己沒有過人的領導統御能力，也不是能讓人追隨的類型，而煩惱下屬是否願意跟隨自己。

但我認為這些都不重要。因為，成為領導者的日子不久之後就會到來。原因是，當周遭的人認為你已成為「值得追隨」的人，很自然的，大家就會推舉你做為領導者。

也就是說，**並不需要自己想成為領導者，而是受到周圍的人推舉，我認為這才是最理想的領導者形態**。

我本身就是被周圍的人推舉而成為領導者的。對於自己到底能否勝任領導者，也是誠惶誠恐。不過很幸運的，我留下了輝煌的成就。

例如，在美體小鋪時期，連續三十二個月達成預定目標。分店數也從一〇七家增至一七五家，營業額從六十七億日圓提高至大約一四〇億日圓，利潤也成長了大約五倍。

在我就任社長並與大家一起宣讀「七個願望」時，有不少女性職員喜極而泣。當時的員工滿足度大幅提升，業績也快速成長。我記得公司監察人看到這種狀況時，還自言自語地說：「沒想到只是換了一個領導者，公司就有這麼大的改變。」

到了日本星巴克時期，正職員工有一八〇〇人，若包括約聘人員和工讀生在內，合計有二萬二千人，在我的CEO任內，分店數從八三三家增至八八一家，營業額從九六六億日圓成長至公司成立以來最高的一〇一六億日圓，首次突破一千億日圓大關。

我非常重視現場，並盡可能到各個分店巡視，與店長和店內員工溝通。每位員工都留給我許多難忘的回憶。直到現在，我還常和店裡的員工保持聯絡。

不論是美體小舖或星巴克，我所實踐的並非「大家跟著我來」的強烈領導統御，也不是以個人魅力吸引部下的管理方式。

我的出發點是要成為一個「比任何人都愛公司，為了大家而努力」的領導者。

就這樣，我成為大家「願意追隨」的領導者。而且經過努力實踐，獲得了卓越的成果。

本書將為讀者說明，身為一位主管以及公司領導者，平凡的我做了哪些事讓我能夠擁有今天的成就。**希望大家在閱讀的當下，能夠發現，原來領導者是這樣思考的。**

若能幫助讀者成為下屬「願意追隨」的領導者，我將感到無上光榮。

目錄

Chapter2 不必能言善道

——眾人「願意追隨」的領導者溝通術 61

Chapter4 對任何事都要抱持懷疑的態度 135
——眾人「願意追隨」的領導者決斷力

Chapter6 不一定要博覽群書 193

——眾人「願意追隨」的領導者讀書術

Chapter7 曝露弱點也無所謂
——眾人「願意追隨」的領導者人格特質 213

Chapter

01

不必長得玉樹臨風

——眾人「願意追隨」的領導者魅力

01 為什麼成為領導者？其實不是重點

高中才正式接觸棒球，不料卻當上隊長

你對所謂的領導者，有什麼印象？

例如，提到過去曾經參加過甲子園大賽的高中棒球隊隊長，你的印象是什麼？從小學時代開始接觸棒球，不論進到那個學校總是擔任隊長，在棒球以外的場合，也能發揮領導統御能力……大概是這類的印象吧？

我在高中時代曾經擔任過這樣的高中棒球隊隊長。不過，我之所以成為隊長的過程，卻與大家的既定印象有很大的差異。

我從高中時代才開始打棒球。就讀的高中是很久以前曾參加過甲子園大賽的升學名校，在我上一屆剛好有棒球好手入學，而且由過去曾奪得甲子園冠軍的教

練重掌兵符。因此，迎接我的是非常嚴格的球隊訓練。

到現在我還記得剛入學時，面對每天辛苦的練習不由得叫苦連天。當時我家在一個斜坡上面，由於每天放學總是疲憊不堪，必須在途中的公園休息一下才回得了家。學業也只好先拋在一邊，每天專心於棒球，只能利用零星的時間念書。

由於我所就讀的國中沒有棒球隊，因此，從未受過正規的棒球訓練。跟我同年級的學生中，有些人一入學就可以跟學長一起練習。但我一開始只能撿球，或是擔任牛棚的捕手。

升上二年級之後，情況也沒怎麼改善。連沒有高年級學長參加的二軍比賽都上不了場。即使如此，我還是非常努力地練習。一方面是因為我非常喜歡棒球，另一方面也認為，這就是我應該做好的事。

希望由我來擔任隊長

到了三年級，球隊以我們這一屆為中心，首先要選出隊長。我認為，理當由一年級開始就能夠與學長一起參賽，且已成為王牌或主力的選手來擔任。

但是當教練公布隊長名字時，著實讓我大吃一驚。教練直接喊出我的名字，我想，當時所有的人也都非常驚訝吧。因為是完全出人意料的人選。

我從高中才真正開始接觸棒球，從來沒有任何突出的表現。不但從未在正式比賽中上過場，連二軍比賽都沒有參加過。為什麼卻被指派為隊長？後來問了教練才明白，原來是二年級隊友強力推薦：「希望岩田學長擔任隊長。」

原因是我常跟學弟們一起整理球場，而我並沒有特別意識到自己身為學長，只覺得協助整理場地是理所當然的事。

此外，雖然從沒上場比賽過，但我還是非常努力在練球，這些都看在學長眼裡。後來有位已經畢業的學長對我說：「我一直都默默在幫你加油。雖然你的球技不怎麼樣，但練習時非常認真，我是你的球迷！」

也就是說，我完全沒有想過要成為隊長，而是受到周圍的人推舉成為隊長的。

過去雖然偶而會上場代打，也曾經擊出過安打，但是全隊唯一沒有先發經驗的就是我，因此，成為隊長後的第一場比賽來臨時，教練交給我的先發球員名單或許終於有了我的名字也不一定，我抱持著忐忑的心情打開了那張名單。

從前面開始看，第一棒、第二棒⋯再從最後往前看，第九棒、第八棒、第七棒⋯⋯沒有。我心中有點失落，哈！即使當了隊長也未必能上場比賽。但不死心的我又仔細看了一遍，最後，我的目光終於被自己的名字給震懾到了，居然排在第四棒！

我默默地協助著整個團隊，結果卻是想像不到的美好。當時真是太開心了。**一定會有人注到意我們。只要努力，周圍的人就會擁護自己。**這是我第一次親身體會到的經驗。

在學弟尚未成熟前，我背負著他們的期待，成為了關鍵時刻最能依靠的第四棒打者。

02 領導統御能力並非與生俱來

並不是典型領導者的我，為什麼能成為社長？

這一段棒球經歷，或許可以說是我的領導統御能力的起點。有些小孩從小小年紀開始就顯露出領導的能力，但我卻完全不是這種類型。

小時候的我相當頑皮而任性，並不受歡迎，而且還是個很普通的小孩，非常羨慕能充分發揮領導力的朋友。

出了社會之後，我依然沒有成為領導者的野心。只是不斷思考著為了整體團隊，現在的我可以做什麼。抱著這種想法來行動，自然而然就增加了扮演領導者的機會。最後在不知不覺中便被任命為組織的領導者，小時的玩伴大概不會相信我已擔任過三家企業的社長吧。因此，**我要強調的是，領導統御能力絕非天生。每個人都擁有成為領導者的素質。**

當然，這個世界上也有人天生就具有領導者的特質，從一開始就位居眾人之上。但至少我自己不是這樣的人。

首先，請改變對「領導統御」的看法

要請大家先改變對領導統御的看法。提到領導統御，大部分人的印象大概是具備能讓他人追隨的個人魅力，也就是強勢而且身先士卒的領導者。

實際上，不論是一個國家或一個企業的領導者，確實有人以個人魅力發揮領導能力。但是單靠這樣並不能稱為領導統御。

我非常喜歡美國管理大師詹姆斯柯林斯的著作《基業長青——企業永續經營的準則》。書中驗證了優良企業強大的真正秘密，也談到了對領導統御的看法。

確實如很多人所想像，有所謂「個人魅力」所衍生的領導能力，柯林斯以「第四水準」來形容。但在它上面還有所謂「第五水準」的領導能力。

這與是否具有個人魅力完全無關，關鍵在於「謙虛」。如果工作順利，他會認為是「運氣好」或「因為下屬的努力」；相反的，當工作受挫時，則認為「一切都是自己的責任」。

《基業長青》一書中將這種態度謙虛、人格優良的領導者定義為「第五水準」的領導者。

我在四十多歲時閱讀這本書，它給了我很大的勇氣。我本身無法成為魅力型的領導者，因此，即使以「第四水準」為目標也是天方夜譚。

如果我必須在企業中發揮領導力，便應該以「第五水準」為目標。這我一心想要追求的領導者模式。

過去我也喜歡閱讀中國古典書籍，在中國的哲學思想中也有類似觀點。中國哲學思想中所認為的理想領導者是沈穩厚實型，具備沈靜鬥志和優秀人格的人。

中國人早就說出了與《基業長青》相同的觀點。令我驚訝的是，不論古今中外，對理想領導者的看法竟是完全一致的。

「03」要指揮別人，不如自己先行動

只要努力，必能獲得回報

大家已了解「第五水準」的領導者需要具備什麼要素了，我認為其中有一種精神很重要，雖然也頗為老生長談——**對自己抱著堅定的信心，「只要努力，必定能獲得回報」**。

我從棒球中也得到相同的體驗。就讀大學時，我繼續參加了棒球隊，大部分時間都與棒球為伍。雖然又開始了一連串的嚴格訓練，但因為學長人數不多，因此，很快就有機會以外野手的身分上場比賽。但沒有多久即因為右膝半月板受傷而接受手術，被迫進行了一年左右的復健。

我從小就喜歡棒球，而且最嚮往的就是投手這個位置，因此，在高中時曾一

度嘗試轉任投手。然而，隊中的投手都是屬於王牌級投手，讓我很快就打消了這個念頭。

傷癒復出重回到球場後，我做了一個重要的決定。我想，既然要從頭開始，那麼，就以自己從小的夢想投手做為目標吧，並公開宣布我想擔任投手。不過，開始卻受到周遭人的反對。他們認為我就讀的學校在所屬近畿聯盟中排名第一，我又沒有投手經驗，若是擔任其他守備位置，我已經具有一定水準，沒有必要轉任投手。

事實確是如此。雖然在練習比賽中投過球，但完全壓制不住對方的打擊，這讓我一籌莫展。但我並沒有放棄，仍然一個人默默練習。夏季時，每天練投一千次球，結束之後還要跑五公里。另外還受到球隊隊長之託而擔任新人教練，我一面指導新人，一面同時進行份量遠超過其他人的練習。

管理別人之前，先管好自己

後來，我的作法受到了球隊的認同。三年級秋季聯賽的最後一場比賽，有隊友在比賽當天向球隊教練建議讓我擔任先發投手，我實在太高興了。不過，大家都認為我可能撐不過五局。沒想到我完投九局，只讓對方得到二分，成為這場比賽的勝利投手。這正是因為我不肯放棄的決心，以及不斷默默努力練習的毅力，並抱持著隨時上場應戰的準備，才得以把握住這難得的機會，成為我一次重大的成功體驗。

高中時也是如此，我認為腳踏實地的努力練習，一定會有人看見，而且最後一定能開花結果。這種想法早就在我心中紮根。

為什麼能如此堅定的努力不懈？因為我深信只要努力，最後一定能獲得回報。

提到領導者一詞，我想不少人對它的印象就是指使別人、指揮別人。但我認為在指揮別人之前，必須自己先有所行動。

管理別人之前，先管理好自己。如果連自己都管不好了，如何管理他人？

若是被人問到自己是否已經達到完美的程度，是完全沒有信心的，但我時時抱持著自我管理的態度。因為管好自己，是成為「第五水準」的領導者，首先應具備的條件。

這時便是深信努力就必有回報，最後一定能夠成功的堅強信念。而且這種信念必須付諸行動。因為一定會有人看到你的行動。

不需要自認為或表現出自己是領導者的料，只要努力修身養性，提高品格，周圍的人自然會擁護你成為領導者。

結果就是如此。我認為這是最自然，而且最理想的領導者。

沒有必要勉強發揮自己做不到的領導統御。

先做好自己能力所及之事。要成為下屬「願意追隨」的領導者，我深信這才是第一步。

「04」部屬都在悄悄地觀察上司的人格特性

和過去尊敬的上司相比，現在的我如何呢？

大學畢業後，我最先進入的公司是日產汽車。在我進入公司第二年，遇見了一位上司，可說是我的心靈導師。他會先示範並教導我，然後再放手讓我做。從這位上司身上，我學到許多事情。

他比我年長約十歲，當時正好是三十三歲。而當我到了三十三歲時曾重新檢視自己，與那位上司相比，現在的我到底如何？結果赫然發現，我實在遠不如他。

這位上司在高中畢業後便進入日產公司。在大學畢業生環伺的日產汽車裡，他的學歷影響了升遷。但我認為，他比公司裡任何一位課長都還要能幹，但是職等卻一直停留在最底層的小主管上。我想，每個人也都注意到了這個奇怪的現象。

不過，他本人卻未曾表現出任何不滿，只專心於他該做的工作。為什麼我會尊敬這個人？原因是我清楚地意識到，這位上司完全沒有私利與私欲。

一般上司常會為了求表現或為了升遷，或對下屬示威而耍心機，但是在這位上司身上卻一點也看不到這些現象。他所想的只有公司所追求的目標，凡事為了公司著想。換言之，他是打從心裡愛護著日產汽車。

在如此熱愛公司的精神之下，他對自己的工作感到自豪。他將工作充分授權給下屬，自己則肩負最後的所有責任。我心裡暗自決定以後也要像他一樣。因此，在我第一次成為主管且有了自己的下屬後，首先想到的就是這位上司。

下屬都在注視著上司。他們所看的，不僅限於工作而已。

我想，每個當下屬的人也都非常注意上司的人格特質。具不具備個人魅力？有沒有統御能力？我認為這些才是重點。

「謙虛」是偉人最了不起的地方

我對日產汽車的另一位上司也有著很深刻的印象。在我進入公司的第三年，因為支援銷售業務，有一年半的時間被調到某家經銷公司從事汽車推銷工作。推銷汽車不像一般商品這麼簡單，每天挨家挨戶推銷，跑了一百家公司或住家，也未必談得成一個案件。

這家經銷公司的社長，對於努力不懈的我相當賞識。他是從日產汽車總公司調派出來增加一些歷練的，但是他卻說：「我要一輩子都待在這家公司。」大部分人為了在總公司出人頭地，被調派出來後都希望能早日回到總公司。他的話足以證明他的決心，不過，對經銷公司的人而言，卻是鼓舞人心的一句話。我也覺得他是位了不起的人物。

後來他還是被調回總公司，擔任負責銷售的常務董事。雖然擔任這麼高的職位，卻一點架子也沒有，態度還是跟過去從事業務工作時一樣。

例如，有一天突然打電話給我：「請過來一下！」我正納悶不知是什麼事情，他告訴我：「這個東西我實在搞不懂，想聽聽你的意見。」他是銷售部門的最高主管，對當時的我來說，就像位居於雲端的人一般。我實在沒有什麼可以教他的，但他還是如此謙虛地不恥下問。

選擇平價居酒屋而捨高檔日本料理

還有一個例子。這個人不是我的上司，他在離開日產汽車後便進入一家顧問公司，後來再跳槽到可口可樂公司擔任幹部。

第一次遇見他是在一個聚會中，為人非常客氣。當時的我才三十多歲，與會人士都是各公司大有來頭的人物，很多人都把我當成「菜鳥」來對待，他卻是以謙卑的態度和我交談，真是令我難以置信。

後來問了別人才知道他是相當了不起的人物。之後，在他經營的任內發揮了過人的能力，陸續完成多件被認為非常困難的併購案。但是他的謙虛態度卻絲毫未曾改變，無論是公司內外都有不少崇拜者。

我現在仍清楚地記得，有一次他邀請我一起用餐，去的卻是很多學生出入的平價居酒屋。身價數千億的大企業經營者，出入高級日本料理店對他而言是九牛一毛，但選擇了平價的大眾化酒館。這頓飯是他買單的，當然也沒跟店家索取報帳用的收據。

也就是說，他都是自掏腰包請客。我認為他非常善於掌握人心。因為我在居酒屋用餐的情緒，遠比昂貴的日本料理店愉快。

或許很多人認為，成為領導者後就必須建立威嚴，所有事情都必須掌握，任何事情都必須知道怎麼解決。其實完全不需要。

我認為，甚至一開始根本沒有必要把自己的一切攤在陽光下讓大家檢視。因為，真實情況自然會慢慢顯露出來。

好好保持自己一貫的面貌。這樣的話，或許會有讓大家跌破眼鏡的時候。大家應該知道，哪一種作法可以讓人留下較深刻的印象吧。

05 因為曾有過挫折，所以能了解他人的痛苦

「我希望努力成為公司的社長」

我應徵了數十家公司，最後選擇進入日產汽車，只是因為一個非常單純的理由。那就是我在日產汽車的面試官非常具有個人魅力，讓我想要在有這個人的公司裡工作。

當然，未必每家企業都有這樣的人。但我相信自己的直覺，因而選擇了日產汽車。

進入公司後，新進員工一一致詞，我很自然的說出這句話：

「我會努力，以成為日產汽車的社長為目標。」

當一位新進員工進入某一家公司，因為公司的最頂端是社長，當然成為大家

奮鬥的目標。當時我完全不了解社長到底是什麼樣的人物，只是認為身為上班族，目標當然是成為社長。

但有不少人對這句話覺得反感。甚至還有人帶著嫌惡的口吻說：「你在說什麼呀！」我真不懂為什麼不能設定最高的目標？

後來，我也曾直言不諱地向一位部長說出我認為正確的事。只要是我認為對的事，我就會毫不猶豫的提出來。

曾經我也被某位部長打入冷宮，把我調到沒有人願意去的部門。當時同時期進公司的同事怕我辭職不幹，而跑到家裡來慰留我：「你千萬別辭職呀！」到了新的部門，確實有到了邊疆地區的感覺。

但是我也因為這次的調動，獲得了一次重新檢視自己的機會。我就是在這時候將出國留學列為生涯重要的優先選項，這成為我後來人生的一大轉機。當時的部長相當支持我，但在不久後，新調來的部長跟我個性不合，讓我吃了不少苦頭。

大家周遭或許也有這種只會對上面諂媚、對下面卻十分苛刻的上司，偏不巧也讓我碰上了。結果精神受到嚴重影響，幾乎快演變成神經衰弱症。還有各種痛苦的體驗，最後被派去推銷汽車也是其中之一。

但是這些痛苦和挫折，卻成為我人生中很難得的經驗。因為有了這些經歷，讓我在看待工作的觀點大幅改變。**我開始能夠理解別人在職場上遭遇到困境時的痛苦，自此，有了同理心後才採取行動。**

下屬並不期待領導者有輝煌的經歷

回想起來，我以前有過不少挫折和痛苦的體驗。例如，在棒球隊有很長一段時間，不論多麼努力都無法上場比賽。

大學時代轉任投手後一直沒有出賽機會，曾經有過一場比賽，我們以二〇比〇大勝。這時通常會派出板凳球員上場，但是教練卻沒有起用任何一名板凳球員。

身為板凳球員，即使只投一局，只要能夠上場比賽就是很大的喜悅和鼓勵。二〇比〇勝負已定的比賽，卻沒有派出任何板凳球員上場。當時的我非常失望，練習的動力也大幅下降。

我猜想，教練大概沒有坐板凳的經驗吧。不曾體驗過挫折和痛苦，當然也就不了解這種心情。因此，也無法成為「眾人願意追隨」的領導者。

現在我改打壘球，非常注意所有的球員是否都有上場比賽的機會。或許是有過板凳球員經驗，更能充分了解板凳球員的心情。雖然球員的起用會依比賽狀況而異，但若要使球隊團結，我認為應該盡可能讓每一名球員都上場比賽。

確實有不少領導者擁有輝煌的經歷。或許因為如此，有人認為擔任領導者必須具備豐富的經歷，或是沒有（也許是隱瞞起來）挫折和痛苦的體驗。但我的想法卻正好相反。

擁有很多挫折和痛苦體驗的人才應該成為領導者。因為他們了解受挫的心情，有了同理心，也才能做出適當的行動。相信很多人期待這樣的領導者。

「06」對親臨第一線及端茶小妹的重視

業績是在銷售現場創造的

我在就任日本星巴克的CEO時，把訪查分店列為「絕對要加強」的事項之一。身為股票上市公司的社長，行程往往排到三個月之後，工作非常忙碌。但我還是希望盡可能多看看分店的現場狀況。

公司內外有很多人問我為什麼要如此頻繁的訪查分店。其實我還打算探訪更多的分店，但受限於時間，並沒有達到我的預定目標。

雖然在百忙之中安排行程的優先順序時，訪查分店常被迫放到最後。不過，每次抽空前往某家分店時，還是受到熱烈歡迎。有不少店員對社長來訪感到驚訝。對我而言，與店員溝通可說是一大樂趣。

為什麼我會如此重視分店訪查？原因是一千億日圓的營業額可說都是由各分店創造出來的。分店的伙伴（星巴克從CEO到工讀生所有員工都如此稱呼）用心製作出美味的咖啡，一年要賣出二億杯才能達到一千億日圓的業績。不重視第一線，什麼才該重視呢？

但值得發人省思的是，這種觀念在總公司卻相當薄弱。

根據我過去的經驗，特別是大公司，我認為職位愈高者離第一線愈遠。從日產汽車時代起，我曾經長時間待在第一線，現場員工強烈感覺到總公司並不重視第一線。

總公司不重視第一線會有什麼後果？結果就是運轉不順暢。

總公司賦與現場的權限不足，因此在組織中，現場常處於弱勢。我強烈認為，這才是公司的領導者應該注意的地方。

你如何對待為你端茶水的人？

我在面試中觀察誰具有領導者的資質時，特別重視「他們是否注重這些在組織裡位階較低的人」。

大部分人的目光常投射在身居高位的強勢者身上。小心對應，避免失禮，防止犯錯。然而，工作並非單純只會與高位者往來。

實際上，反而有很多相反的情況。**由於領導者必須留意下屬的運作狀況，因此，如何與身分低於自己的人相處是極為重要的。**

我在面試時，非常注意應徵人員在面對為他們端茶水的人，會表現出什麼樣的態度。

有人即使面試到一半，仍會注意到端茶來的人，並點頭致謝。但相反的，也有人只顧著自己說話，無視於端茶的人。哪一種人會給人較好的印象？

或許有人認為在面試中途端茶進來是非常微小的事情，不值得大驚小怪。

但是連這種最基本的禮貌都做不到的人，我不認為他能仔細關心他的下屬，並發揮領導統御的能力。

如前面曾提到的，我們經常注意別人，但是卻很少人能察覺到自己也被別人所注意。

對位階相對較低的人表現出什麼態度，是極為重要的。

應重新檢討對部屬或晚輩的態度，重視的程度應超過位居高位的人或上司。面對較弱勢的人，必須抱持更重視的態度。

注重小地方，對於「他人願意追隨」的領導者而言，是非常重要的行為。

我無法信任態度會因為對象不同而大幅改變的人。

有些人在上司面前表現出非常低姿態，對下屬卻擺出不可一世的樣子。愈是對上司諂媚的人，愈會要求下屬以相同態度對待自己。

我不喜歡因對象不同而改變自己的態度，因此，不論對方地位高低，我都盡可能以相同態度誠懇對待。

「07」了解權力的可怕

地位不是權力，而是責任

成為領導者後，有一件事絕對不可忘記，那就是地位的意義。

社會上有很多人渴望出人頭地、擁有身分地位，這是為什麼呢？原因是有了地位，就可以做大事，可以獲得比現在更多的財富。說得更直白一點，就是能夠得到更大的權力。

但是你必須知道，在獲得權力的同時，伴隨而來的還有責任。

地位能成就一個人，確實如此，但相反的，地位也可能摧毀一個人。例如，為了爭奪地位而慘遭橫禍，或是受到下屬排斥等。我想，這就是對於地位的意義沒有正確的理解所造成的。

因此，我認為應該這樣思考：「地位不是權力，而是責任。」美國經營管理學家彼得杜拉克（Peter F. Drucker）也說過相同的話，值得深思。

日產汽車的工會過去的力量非常強大。擔任工會幹部的人，在人事考評上通常能獲得最高的評價。曾有一段時間，熱心於工會活動的人容易出人頭地。當時我就認為這種權力很奇怪，遲早會腐化。

對於工會，我一直採取批判的態度。因而有人對我說：「那麼，你不如加入工會，從內部進行改革。」於是，我在二十七歲時成為工會青年部的幹部，指揮八百名會員。

能抵抗誘惑的人才能擁有地位

在職場最基層的員工，到了工會裡卻突然成為八百人的頭頭，可以依自己的想法來指揮下面的會員。感到高興乃是理所當然的。

但另一方面，我也體會到權力的可怕。每次開會時，都會有人熱心指引：「幹部請往這邊。」著實是被捧得高高在上。每個人見到幹部也鞠躬致意，使人難免誤以為自己有多麼了不起。而且大家都認為這樣可加速在公司內出人頭地。我曾經對這種現象感到害怕。

有了地位與權力，迎接你的就是甜美的誘惑。可以使用高額的交際費，有汽車可用，收入增加，下屬達到百人以上⋯⋯。

看起來好處多多，但是如果過份著迷於此，就會陷入權力的世界而無法自拔。會這麼說即代表我也曾經受過這樣的考驗。

擁有地位的同時，也背負著責任

若底下有一百名部屬，那麼，這一百人的幸福全都掌握在自己的手中。讓他們為你效力的金錢，也高的嚇人。

對這些現象如果沒有時時懷著戒慎恐懼的心情會非常危險。若受到權力的誘惑而忘了責任，等待著你的，將是不法行為或下屬對你失去信賴感等悲劇。

反過來說，只有具備能夠戰勝這些誘惑的人格或個性，才是真正應該擁有地位的人。沒有能力，卻成為擁有絕對權力的最高經營者，相信大家可以想像這家公司一定毫無紀律可言。

如果要成為稱職的最高經營者，就必須好好磨練人格操守。**好的人格操守正是成為領導者的最基本條件。**

擁有權力是很可怕的。為了與這種權力對抗，先了解權力還伴隨著責任是非常重要的。

「08」用「使命感」取代工作守則

星巴克沒有工作守則?!

日本星巴克常因為良好的待客之道而獲得極高的評價。

不過，星巴克並沒有工作守則。沖泡各種咖啡當然有一定的處理方式，但是關於服務則沒有守則可供依循。

曾經有個小故事。星巴克的店前面發生了車禍，透過窗戶，可以看到一位開車的婦人驚慌失措的打電話給警察，顫抖著等待警察到來。

看到這個狀況的工讀生，從店裡快步走出，遞給發生車禍的婦人一杯咖啡，帶著微笑說：「請喝杯咖啡，讓心情平靜下來吧。」原本不知所措的婦人不禁露出笑容，接過咖啡⋯。

大家一定知道，這個動作不可能會寫在守則裡面。但這種服務只有星巴克做得到，而且是公司鼓勵員工應該自發性地認為理所當然，而採取的正確行動。

那麼，既然沒有工作守則，為什麼員工會採取這樣的行動呢？這是因為在星巴克工作的使命感已深植在所有員工心裡。

為了讓每位顧客的內心充實而有活力——從每一位顧客的一杯咖啡和一個交流開始。

所謂使命，就是自己存在的理由。在星巴克，員工經常要回到這份工作的初衷，思考自己為什麼在這裡，自己要做什麼？因為能回到初衷，因此能提供各種服務，而不只拘泥於守則的服務。

「三個圓」的重疊處可見到提示

這與一般組織相同。如果以領導者的身分率領組織，首先應該思考的就是自己存在的理由（使命）是什麼。使命感愈崇高，愈能得到多數人的迴響。

絕不可短視地以不當手法擴大業績，達到目標。而必須回歸到服務的本質，以此領導下屬和員工一起努力，找出一個共同的價值觀——亦即自己存在的理由。

事實上，在我進入日產汽車的第二年，有一天，突然對日產汽車的經營理念是什麼而感到困惑？我問了旁邊的部長和其他上司，卻沒有人答得出來。

我想，現在大概還有不少這樣的公司吧。因此，打算找機會和大家一起來討論公司的使命是什麼。

訂定出大家都能接受，且能一起努力的理念，將可成為一股強大的力量。

前面介紹過的《基業長青》一書中，藉著所謂「刺蝟原則」（Hedgehog Principle）一詞來顯示公司應追求的方向。也就是指公司應以「對工作充滿熱情」、「達到世界第一的水準」、「獲得極高的績效與利潤」三個圓圈的交集為目標。所謂刺蝟，也就是向交集處邁進。

請思考一下，三個圓的交集處是什麼？

我想，就是訂出本質的使命時，下屬向領導者表示「願意追隨」，並能夠自發性的行動。

你個人的使命是什麼？

我認為這種想法並非公司層次，而是個人層次。

所謂熱情，也就是「喜歡的事」。所謂世界第一，亦即「擅長的事」。而績效與利潤則是「對眾人有益的事」。它的對價就是能夠獲得金錢。

不妨將「喜歡的事」、「擅長的事」、「對眾人有益的事」三個圓的正中間視為個人的使命。**希望大家務必思考一下自己的使命。**

例如，我喜歡棒球，雖然球技尚可，但還不到讓人看了能夠感到高興的程度。也就是還無法對眾人有益，當然也不會有人付錢給我。所以，我只有兩個圓相疊，棒球只能算是興趣。

但是鈴木一朗的表現，就達到了人們願意付費看他打球的程度。喜愛棒球、對棒球擅長，而且能讓人愉快，對眾人有所幫助。因此，棒球是他的使命。

換言之，成為超一流的棒球選手就是鈴木一朗的使命。

「09」小心連自己上廁所的樣子也會有人注意

領導者的熱情會傳染

我一開始擔任社長的公司，是一家名為ATLUS的公司。這家公司當時正在進行組織重整，因此，我社長這個職務做得相當辛苦，必須面對各種改革問題，每天都有許多事情需要思考。而且有一次在公司裡還聽到一件令我吃驚的事。

有人說：「在廁所裡遇見社長，看起來好像沒什麼精神。」

其實我並沒有表現出無精打采或精神不濟的樣子，只是邊上廁所邊思考事情而已。但是在員工眼裡卻覺得沒有精神。

那時我才發覺，原來連社長上廁所的樣子也會引起注意。

事實上，員工確實相當在意領導者的樣子。領導者的表現會傳染至整個組織。

如果領導者悶悶不樂，那麼，大家都會受到影響。

因此，領導者應時常保持著「一定能成功」的樂觀態度。在下屬面前表現出「即使只有一%的可能性，也絕對沒問題」。藉此顯示出領導者的熱情。

此外，盡可能避免說出負面的話也很重要，而且不只是明顯的負面字眼。

有一次，我應邀參加國會議員的早餐會。擔任貴賓的一位議員致辭時，一開頭就說：

「我很不擅長在眾人面前說話。」

我感到相當失望。大家專程來聽你演講，你自己卻先澆了大家冷水。在眾人面前說話不是政治家的重要工作嗎？

我當時覺得：「講得好或不好，要聽完了才知道，不應該自己說。」不過，現在很多人都把這句話當成藉口和開場白，認為先說了這樣的話，即使出現什麼差錯，大家也能夠見諒。

不只這個例子中的「不擅長說話」，其他如昨天喝多了、昨晚沒有睡好、最近比較忙…等帶有負面意思的話最好都避免。因為這些話都會影響公司氣氛。

不要虛張聲勢，有時暴露弱點也無妨

當然最好保持樂觀，但不可能凡事都一帆風順。因此，表面上保持樂觀，但心裡卻要隨時有最壞的打算，這是身為領導者很重要的態度。長期性樂觀、短期性悲觀，這種平衡是很重要的。

另外，有人認為領導者就算是虛張聲勢也要時時展現強勢的一面，我認為沒有必要。有時寧可表現得軟弱一點。

靠一人之力是無法讓整個組織運作的。**不論如何虛張聲勢，效果都有限。有時放低姿態，尋求大家的支持反而比較重要**。尤其是大規模的公司更不可免。

我認為，有時候吐露一下心聲也無妨。當然，前提是要選擇能夠信任的下屬為對象。

我在ATLUS公司時期，有次與事業部長一同出差，在只有兩個人的車上，我就曾向他訴說煩惱的事。身為下屬的他聽完後回答：「我一定會百分之百支持你。」我相信這一定是真心話。

從此，我與他的距離感一下子拉近許多，而且他經常在各方面協助我。後來在星巴克時代也有過相同的經驗。

我在那時了解到，偶而向能夠信賴的下屬暴露出軟弱的一面也無妨。這樣反而能讓周遭的人表現出「願意追隨」的態度。

Chapter

02

不必能言善道

——眾人「願意追隨」的領導者溝通術

「10」每日的言行及態度便可創造信賴關係

下屬要看透上司只要三天時間

前面曾提到希望大家拋開過去對領導者的印象。也說明了有別於過去靠個人魅力吸引下屬跟隨，我稱之為「第五水準」的領導者。

愈上位者愈謙虛而受到下屬擁戴，才是「第五水準」的領導者。那麼，這兩種領導者之間有什麼差異呢？

我認為最大的差異就是與下屬之間信賴關係的強弱。後者平時與下屬保持著良好的人際關係，而且有深厚的信賴關係。

這樣的關係要如何建立呢？

我最注重的是積極的溝通。所謂溝通，並不是喋喋不休的交談。有不少人誤以為溝通就是對話，其實未必。

例如，傾聽部屬說話，或是在與部屬交談的同時記錄下重點等，都是重要的溝通方式。

更甚者，我認為領導者的態度可成為傳達給下屬的某種訊息。因為，領導者為什麼事情高興？為什麼事情發怒？下屬都確實地看在眼裡。相信下屬可從這些狀況解讀出某些訊息。

換言之，**領導者每天的言行以及做事的態度，都能成為一種溝通。**

有人說，下屬只要三天時間就能看透上司，而上司要看清下屬則需要三年。下屬每天都仔細在觀察上司，因此，上司應牢牢記住自己每天被人認真地觀察著。

何謂正確的判斷

有一件事情我到現在仍清楚記得。這是我在日產汽車時期所尊敬的上司說過的話。原本很任性的我，在一次會議中，跟比我資深的同事發生意見上的衝突。

按照邏輯推論，我的意見才是正確無誤的，而我自己非常確定，出席會議的其他成員中應該也有不少人認同。

但是上司卻採用了前輩的意見，令我非常生氣。為什麼不採納我的正確意見，反而選擇了不正確的訊息？但是上司並沒有對此做任何解釋。

事後我想起這件事，才發現上司是為了保住前輩的面子。

如果在會議中辯輸年輕的後輩，那麼，前輩在公司除了顏面盡失，而且還可能對工作失去熱忱。甚至會因為處境難堪，很難繼續待在組織裡。上司是考慮到了這一點。

在年功序列（日本終身雇用制度下的薪資制度，薪資依年資和職位增加）意識逐漸淡薄的今天，或許一般人開始認為：「跟前輩、後輩沒有關係，應該採用正確的意見才對。」但事實上，這種想法是一種雙面刃。

如果是對組織有重大影響的決策，就應考慮兩者的平衡。到底是不顧前輩的顏面，堅持正確的意見，而破壞團隊的氣氛？還是要顧及整個組織的和諧？該如何判斷就得考驗領導者的手腕了。

或許會有領導者不加思考就選擇前者，但我認為人際關係不是這麼簡單就能切割的。

有時需要保住前輩的顏面，解救他的困境，同時帶有教誨下屬的用意，這才是領導者應發揮的功能。

後來，每次回想起這件事時，就覺得這位上司真是位了不起的人。尤其在依然堅信自己的意見正確無誤的今天，更是令我佩服。不過，如果現在的我站在上司的立場，會拒絕當時的我嗎？我不確定，但至少，我不會當場判定哪一方的意見是正確的。

我相信見識到了當時上司的決定後，很多人會對這位上司更加信賴。

對公司而言，這是採取了對組織最佳的選擇。

「11」一句話就能改變部屬對工作的欲望

「即使你做錯了什麼，公司也不會因此倒閉」

這是在日產汽車時期的上司說過的一句話，我至今仍清晰記得。這句話甚至影響了我一生。而且，就是因為這句話，讓我在工作上總是全力以赴。

結束在工廠一年的生產實習後，我回到總公司的採購管理部技術課，協助旗下零件製造廠商提升生產力以及品質管理等。當時我是剛進入公司第二年的菜鳥，還搞不清楚自己該做什麼。於是，那位我至今依然尊敬的上司說了一句話：

「即使你做錯了什麼，日產也不會因此而倒閉，所以放膽去做吧！」

這句話令我恍然大悟，也給了我十足的勇氣。剛進公司的自己可以這樣指正零件製造廠商的老闆嗎？站在我的立場該提出什麼樣的建議呢？這時，任誰都會害怕退縮吧！但是上司親口說出那句話給了我極大的勇氣，而且讓我相信上司一定會在背後支持我。

事實上，與我接觸的關係企業中，有的公司會明顯露出對「菜鳥」不屑的表情，但也有公司表現出接受我的熱誠。發生疑問時，每次我都會跟工廠的人討論到深夜，直到有一天，公司主管突然說：

「決定了，從今天起全部交由岩田來決定即可。」

我想他已經充分感受到我的努力。從那時起，我和工廠的人經常到深夜還在檢討作業方法，或是變更機械設計。寒冷的冬天，半夜還一起窩在小攤子吃著熱騰騰拉麵的情景，至今仍難以忘懷。

上司的一句話讓我勇氣倍增，更讓我在工作上不斷有所成長。唯有領導者的話，能夠發揮這樣的力量。

「12」主動且積極地詢問部屬的意見

表現出「一起打拼」的態度

簡單來說，第五水準的領導者，基本態度就是「跟大家一起打拼」，而非「大家跟著我來！」他們打的旗號乃是「使命」，不過，在決定使命之前，或是與下屬一起思考使命之時，有一件更重要的事，那就是聆聽下屬的聲音，然後一同訂定出使命。

認為領導者應該具有個人魅力的人，或許會對這種形態的領導者感到意外。他們認為一開始就下達命令：「照這樣做！」才是領導者的作風。

但我並不這麼認為。領導者可以完全不理會部屬的想法，就任意決定任何事情嗎？

部屬是一同邁向目標的伙伴。既然如此，就應該聽聽部屬的想法，一同來思考如何進行。

事實上，我相信部屬也希望能夠表達自己的意見。

如果你身為下屬，是否也有話想對上司說？不是苦無機會，不然就是氣氛不適合，結果始終悶在心裡。相信這樣的人不在少數。

目前，希望成為個人魅力式的領導者仍不在少數，領導者本身，姑且不論他能否做到，也常往這種方向去努力。結果，只會導致一言堂的產生。

這樣的話，團隊裡的成員會為了保住前輩或上司的顏面而將想說的話吞回肚裡，這對下屬不是好事，而團隊無法產生一致的最佳構想也是一種損失。

這時候最重要的是領導者的態度。本來下屬就很難與上司對話、很難表達自己的意見。正因為如此，領導者更應該主動讓下屬提出意見。

在開會時中詢問年輕員工的意見

例如，開會時我會盡可能注意一件事。

上司如果先開口，下屬就會跟著附和上司，很難表達出不同的意見。但若是讓下屬先發言，他們就能充分表達個人的意見。不同的腦力激盪，能產生出最好的意見和想法。因此，需要許多不同的聲音。

我在表達自己的看法之前，會先聆聽其他人的意見。這樣一來，下屬就會提出各自的想法。而且，我也會盡可能先讓年資較淺的員工發言。也就是說，由領導者來點名，而自己則最後發言。

為了得到積極而正面的意見，我還會將下屬的發言記錄下來。或許只是小小的動作，但是對下屬而言，上司將自己所說的記錄下來，這是個極為光榮的事。這種舉動可以傳達給下屬一種訊息，也就是「上司專心聆聽了自己的意見」。

聆聽員工的聲音、信賴年輕員工，我想，這種態度也是成為下屬願意追隨的領導者的重要方法。

13 從兩篇就任演說學到的溝通方法

商業用語不斷的就任演說

提到領導者的溝通方法，我永遠忘不了兩件事情。一是我的失敗經驗，另一件則是從這個失敗中省思的過程。

我首次在ATLUS公司擔任社長時非常緊張。一方面，公司正處於相當嚴峻的狀態，而我又抱著強烈的企圖心，希望能以一己之力幫助公司重新站起來。

就任社長時必須在所有員工面前發表就任演說。我認為這是我最初的表現舞台，要把與過去不同的想法告訴大家，因此，敘述了很多以前在商業學院學到的知識和用語。並表示未來將追求的企業價值，以及強調現金流（Cash flow）等經營的重要性等。

但是，站在我前面聽講的大約一百名員工卻毫無反應。就好像身體在這裡，靈魂卻不在似的。我使出渾身解數在說明這些原由上，到了中途才突然驚覺……員工在意的並不是這些事情。現金流、自有資金價值等，這些內容任誰也不會有興趣。

而且，ATLUS公司是經營娛樂產業的公司，員工中有不少研發人員、企畫人員、程式設計師、設計人員等專業人才。他們對這些話題根本沒有興趣。

我想，他們關心的應該是我親口說出要如何將公司重建起來，以及未來在哪裡等等願景。

女性員工流著眼淚聆聽的就任演說

這次的失敗經驗為我留下深刻記憶，之後在接任美體小舖的社長時，我發誓就任演說絕對不再重蹈覆轍。

當時，美體小舖同樣處於嚴竣的狀況下。由於業績不佳，營業額從九〇億日圓掉至六十七億日圓。員工上班時都無精打采，同事之間的關係也不和諧。員工滿意度調查結果顯示出最差的狀態。公司內的縮小均衡（藉縮小經濟規模來解決供需不均衡等經濟問題），也呈負的圖形。

就任社長前的兩個月時間中，我反覆閱讀美體小舖英國籍創辦人安妮塔羅迪克（Anita Roddick）的著作《BODY AND SOUL》，並訪問各分店與員工密切溝通。就任後首次召集所有員工，而演講的內容就是以下的「社長就任致辭——七個願望」。

一、珍惜一起工作的緣分

二、大家一起成長

三、即使更換了社長，若沒有具體的指示，一切則不會改變。大家以「共同參與改革」的態度，讓公司變好。

四、要重視銷售現場，而非看社長臉色做事。重視第一線，回到零售業的初衷來思考工作方法。

五、待客態度，要以在自己家中招待重要友人般的態度來接待顧客。

六、Back to the Basics，回到創業的初衷，重視價值觀。隨時將回授系統導入工作中（管理循環系統，PDCA cycle）。

七、品牌是一種承諾。美體小舖所追求的品牌，是將所有商品與有機結合，並重視細節。

我發現底下員工出現了反應，有多名女性員工因感動而流下眼淚。或許我的演講內容正是她們希望我為公司所做的，以及她們自己過去想要做卻沒有做到的事情。

員工們都非常喜愛美體小舖的品牌。因此，只要指出正確的方向，我想他們都會盡全力去做。後來，美體小舖也確實展現了飛躍的成長。

我認為領導者發自內心的一番話，以及親力親為的溝通，可以為公司帶來重大改變的契機。

14 首先要注意的是「簡單易懂」

真心關愛自己的下屬

在擔任 ATLUS 與美體小舖社長時的兩次就任演說，大家應該了解其中有什麼不同了吧！

失敗與成功的分界點在於是否能對聽眾產生同理心，以及站在聽眾的立場。

我認為兩次演說最大的不同是對員工而言，所說的話是不是簡單易懂？夠不夠具體？

領導者與下屬對話時，最應重視的就是「簡單易懂」。

回想起來，值得慶幸的是不論在美體小舖或星巴克，我經常聽到分店的員工說：「岩田先生傳達的訊息簡單明瞭。」這對我可說是極大的讚美。

事實上，在美體小舖和星巴克時期，當要傳達訊息給分店的經理時，我都會考慮對方是什麼樣的人，並站在對方的立場思考，絕不使用艱深的用語。總之，就是要讓對方容易理解。

我經常在想，如果我是店長的話，需要什麼資訊？我想要聽什麼事情？而且要隨時站在聆聽者的立場，注意員工對什麼事情感到興趣。

能夠公開的資訊，我會盡可能地公開，因為我了解大家都會想知道。只要站在對方的立場思考，並付出關愛之心，相信就可以想像的到。

領導者關愛下屬，自然能察覺到自己該做什麼。例如，使用簡單易懂的語言、使用振奮人心的語言等都是如此。也就是將我的想法表現在溝通上。

我很喜歡製作標語

還有一點，我很注重標語的製作。有新的發展目標，或是要推動某項計畫時，我經常會製作標語或旗幟。

在美體小舖時期，關於公司召募員工以及教育的目標，我曾製作「安妮塔一百人計畫」的標語。

我認為如果增加一百名像創辦人安妮塔般樂觀、熱情接待顧客的員工，公司的營業額應該可以立即倍增，所以在召募員工時，我會以安妮塔為形象來挑選人才，教育員工時，也在思考如何將員工塑造成安妮塔。公司員工都愛戴安妮塔，因此，這個標語簡單易懂，而且極受員工喜愛。

另外，我也打出了「像接待重要朋友般接待顧客」的口號。而且告訴員工，如果店內沒有顧客需要的商品，介紹其他品牌給顧客也無妨。這種容易讓人接受的語言，為顧客留下深刻的印象。

此外，「ES重於CS」一語在公司內也頗受好評。意思是員工滿意度（employee satisfaction）重於顧客滿意度（customer satisfaction）。當然，顧客滿意度非常重要，但先決條件是提升員工滿意度。剛開始的員工滿意度並不理想，然而，這項活動讓員工的工作態度有了明顯的改變。

「在提高顧客滿意度之前，先提高員工滿意度」句子冗長而且有些繞口，於是我選擇了「ES重於CS」的簡潔口號。我們在公司內進行了各項活動，為的是宣傳公司如何照顧員工的各項政策，於是員工的滿意度快速上升。

一般認為顧客非常重要，不過，一位顧客與一名員工相比，員工的重要程度遠超過顧客的一百萬倍。我還曾經說過，若員工遇到不講理的客人而感到困擾時，乾脆將客人請出店門，因為還有很多其他的客人需要服務。

在星巴克時，我打出「一百年後仍然發光的品牌」的口號。星巴克是非常了不起的品牌和企業，因此，我不願像一般外商公司只注重每一季的銷售額或業績。我希望能將眼光放遠，讓星巴克在一百年後依然是閃亮的品牌。

另外，我非常注重人才的召募，也曾打出「希望新進的員工中，有人在二〇年後能成為CEO」的口號。從外面聘請CEO早已是公司員工的認知，我的作法反而令大家感到意外。

製作簡單而容易讓人接受的口號。我認為這樣可以讓它滲透至整個團隊和組織，以提高員工的士氣。

我始終相信，領導者的溝通術是決定企業成敗的關鍵之一。

「15」將想法轉換成文字來傳達

用書信來傳送訊息

在美體小舖時期，每周一上午會舉行早會。不過，總公司的員工只有七〇人左右，其他員工都在各個分店。我如果是分店的員工，一定會像獨自待在孤島上一般感到寂寞。因為完全不知道總公司在做什麼。

總公司會派遣員工每個月巡視分店一至二次。但是像社長等固定待在總公司的員工卻很少有機會跟分店的員工見面。因此，分店的員工很難知道公司的方向，或是自己目前的狀況等。

為了共享資訊，總公司每周一所舉行的早會記錄，我會製作成社長信函，當天即送往各分店。

內容除了當天討論的事項之外，還有公司的業績、目標達成狀況、活動、新訊息，以各項優點、缺點等，最後還有「每周一語」單元。身為領導者的我，常將鼓勵自己的話記在記事本中，這個單元就是從其中摘錄下來的，頗受員工好評。

分店經理也是領導者之一，不過，他們的辛苦又不同於總公司的員工。必須直接面對顧客、率領二十餘名年輕的工讀生和員工，而星巴克的分店店長更可能要指揮五十餘人，除了進行人事管理和勞務管理，還要肩負業績的責任。從某個角度來看，他們的工作比社長還辛苦。

因此，我會傳送一些鼓勵的訊息給各分店的領導者，使他們精神振奮。值得高興的是，各分店似乎相當期待我的訊息。

在總公司的早會時間，當其他幹部說話時，我曾經偷偷站在後面觀察員工，其實不少人並沒有在聽，甚至還有女性員工在化妝。但是分店員工卻很專心地閱讀我的信。有些分店還將信張貼在辦公室的牆上。多次聽到員工說：「上星期大家都感動的落淚」，我就不由自主寫得更勤快。

由於是星期一早上的信，所以我總是在星期天晚上完成。每周都寫其實是相當辛苦的事，但是我在美體小舖四年間從來沒有間斷過。在星巴克的兩年間，則是每個月寫一至二次。雖然辛苦，但我由衷認為這個動作非常有意義，可以透過信函將自己的想法和公司的方向傳達給員工。

我還記得曾經寫過，如果發生天災，有人需要水和食物就盡量供應。只要是星巴克的員工，就應以人道援助的觀點出發，我絕對支持。雖然公司的物資不能任意送給他人是一貫的原則，但還是有例外情形。

如果可能，領導者要說的話當然最好是立即以口頭傳達；如果不行，只有找尋其他方法。若能立即傳達給身邊的人是最好的情況，但我相信，不在領導者旁邊的人也希望聽到領導者所說的話。

只要將想說的話寫下來傳送即可。我深刻地體認到，社長的信函可以成為一種重要的溝通工具。

重要的事要再三且不厭其煩的傳達

書面資料最大的好處就是能重複閱讀。很多事情無法講一次就明白，**要反覆記憶然後成為習慣。所以必須不斷地叮嚀，而轉換成文字的意義就在這裡。**

不論在美體小舖或星巴克，有不少員工聽我說過數十次相同的話。但我認為，只要是重要的事，重複說幾次、甚至說了幾十次都不為過。

說了數十遍以上的，正是最基本的事。因此，不必在意以前是否說過，都可以再次寫在紙上、電子郵件中或網站上。

不可思議的是，有時就算是下屬一時無法接受的事情，有一天會突然就認同了，這代表隨著時間推移或累積了不同的經驗後，同樣的人對同樣的話也會產生不同的認知。因此，重複傳達有它的意義存在。我認為領導者應勇於重複。

最近在臉書上取得聯絡的美體小舖時期的員工，傳來一段令人喜悅的話，他寫到：「岩田先生以前傳來的信件我現在仍夾在記事本中，而且經常拿出來閱讀。」雖然長期書寫相當辛苦，但是非常值得。

「16」採取不傷害部屬自尊心的責備方式

責備可以換個角度來闡述

提到重複傳達，我在美體小舖擔任社長時期曾發生過一件事。公司基於環境保護政策，僅提供顧客貼有貼紙的簡易包裝。由於大部分消費者都能理解節約資源的重要，因此，店內提供的提袋數量並不多。

但是某一位經理在日誌上記載：「本月分發出的提袋過多，為了削減成本，必須要求簡易包裝。」我看到這段文字時，感覺其中必定有什麼誤會。因為我們不是為了削減成本而採取簡易包裝，而是要推廣美體小舖保護環境的理念才這麼做的。

但不知什麼時候開始，員工忘記了初衷，將這項作法視為削減成本的手段。

這讓我深深體會政策傳達以及理念遵守的艱難。

為什麼會出現這種現象？原因就是沒有重複強調正確的觀念所造成的。

這關係到美體小舖的根基，我認為有必要好好責備一番，而且，單是用信函仍然不足夠。

我提醒所有分店的管理者，重新省思公司這項政策的初衷。不過，我並沒有指出是哪個分店的經理。事實上，我也沒有調查這位經理的名字。因為我認為既然有人會這麼想，一定還有其他人也抱持著相同的看法。

後來我聽到有人抱怨。例如，下雨天不給顧客提袋，讓顧客覺得不方便，而有些顧客則非要提袋不可。

我覺得必須徹底執行的時候到了，事情的輕重緩急、優先順序，必須反覆的傳達給員工。

不過，責備下屬時有一點需要注意。就是不要傷害對方的自尊心。

只要將想說的話寫下來傳送即可。我深刻地體認到，社長的信函可以成為一

我經常使用的一句話是：「這不像你平常的表現」，代表著「我對你有很高的期

待，你應該可以做到，但為什麼……？」如果碰到比較棘手的問題，我則會用「怎麼連你也……」來責備。

聽起來像是說「原來連你也不會，那一定是很困難的問題」。

還有一種與上述盡了力但仍發生錯誤的不同狀況。例如，採取投機的作法或做事情馬馬虎虎，甚至本人根本不知道自己犯了什麼錯。對於這些人的行為，就必須直接大聲斥責了（不過，一年難得發生一次）。

對於這種絕對不可原諒的事，領導者應把憤怒表現出來。如果不這麼做，對周遭其他人可能會帶來不良影響。

指正某件事情時先給予褒獎

領導者指正下屬的機會相當多。不過，指正卻經常被下屬解讀為責備，並認為領導者很難應付。而且，直接指正有時會讓下屬自尊心受挫。

因此，要指正某件事情時，不妨先肯定或褒獎，然後再說：「這件事情

最好這麼做。」

可能有些人不擅於誇讚別人，我建議最好還是要改變一下。我從來沒有因為過度讚賞某位下屬而感到困擾過。

特別是對站在第一線或立場較弱的人，更應該要加以讚揚。即使是小事情，輕輕一聲「謝謝」，或是誇獎「了不起」，都能讓人感到窩心。尤其是在眾人面前表揚，更能使下屬產生信心。

而且，誇獎還可以將自己對下屬的期待傳達給對方。

說話之前先思考一下

領導者的每一句話，對下屬都是非常重要的。當下屬表現不理想時，可以用「沒關係，再加油」來鼓勵，但有些領導者卻會忍不住脫口而出：「你這是在搞什麼？」

下屬出了差錯時，我認為最好先思考一下：如果換做是我，會希望上司用什麼態度來對待自己。

然後再思考該說什麼，或是如何溝通。如果不分青紅皂白，想到什麼就說什麼是非常危險的。

或許有人認為不需要這麼麻煩，做為一個想罵就罵、想吼就吼的上司相對要輕鬆許多。用威嚴來壓制員工，看起來輕鬆而簡單，而且沒有人會反抗，管理也比較容易。

但伴隨而來的，就是「國王的新衣」這種陷阱在迎接你。由於懼怕領導者，沒有人敢說真話，結果使得領導者無法掌握真實狀況。

而且，等待指示再行動的下屬一旦增加，將導致更多無法自己思考的下屬產生，如此一來，領導者的工作不減反增，結果困擾的還是自己。

這種以威嚴來管理下屬的領導者，下屬是不會想要追隨的。大家不妨嘗試一下不同的責備和誇獎方法，看看結果如何。

「17」在眾人面前講話，一定要先做好準備

先擬好演講稿，並確認說話的環境

在眾人前面說話，也是領導者的溝通方法之一，而且地位愈高，在眾人面前說話的機會也愈多。我經常被詢問的問題之一，就是如何在眾人面前發表演說。

首先，最重要的就是準備工作。先擬定摘要或草稿。只是這樣還不夠，我就曾遭遇一次慘痛的失敗。

在ATLUS公司擔任社長時期，有一次要在新型遊戲機發表會中擔任主講人。我事先準備了草稿，不過並沒有完全背下來。原本以為只要把草稿攤開，就可以按照上面所寫的來講。我預測的現場布置，是在我的前方會有一個演講台，只要將草稿放在上面即可。

但是到了現場才發現並沒有演講台。而且昏暗的會場中，相機的鎂光燈從各個方向對著我一直閃，使我的眼前一片白光。

不久之後，我的腦子裡也完全空白了。但記者會仍得繼續進行，我講得雜亂無章，已不記得當時到底說了什麼。總之，是一次非常失敗的演說。

從那次的經驗後我了解到，不論在什麼場合說話，都要先收集是否有演講台、有沒有麥克風、能否看草稿等細部資訊。這樣才能夠安心，不致於慌亂。

第一次的演說，雖然做了某種程度的準備，但卻忽略了最後關頭而功虧一簣。為了不重蹈覆轍，並洗刷第一次的恥辱，後來我必定先做好細項的準備。

在眾人面前避免緊張的三個方法

似乎有不少人站在眾人面前就會緊張。當然我也不例外。大型會議、重要會議、剛進公司時第一次在員工面前的就職演說，都讓我相當緊張。

要如何舒緩緊張呢？

在大家面前講話，很容易看見觀眾的反應。其中有些人專心聽講，而且不時點頭表示認同。相信曾經在大眾面前講過話的人一定了解，這種人的存在對勇氣的增加有多大的幫助。

因此，最好盡早找出有誰或有多少這樣的人，然後朝著他們說話。

如果面對著多數人說話，有些人帶著可怕的表情斜視著你，有些人則完全不感興趣而一臉瞌睡相，還有些人若有所思的不知在想什麼，這些都會為你帶來極大的不安。

但是，只要對著其中確實專心聆聽的某個人說話，就能使人感到輕鬆。之後，**只要說話有「內容」和「誠意」，就能打起精神。**

前面提到上司曾對我說：「即使你犯了什麼錯誤，日產汽車也不會倒閉。」這時抱著「即使演講失敗了，組織也不致於崩潰」的想法，也能消除緊張。

後來，我雖然還是會準備草稿，但備而不用。

只把它當作護身符一般。只要大綱吻合，我不會太在意細部的用語，甚至想到什麼就說什麼。也就是說，**唯有發自內心的言語，才能夠深入聽眾的內心。**

開場白是「普通的中年大叔」

現在已不太會緊張的我，為了使演講順利進行，非常注重開場白。我準備了資料，也在腦子裡留下印象，只要開場白順利，之後就能一帆風順。相反的，如果一開始就遭受到挫折，往往到最後會狀況不斷。

我會先仔細思考最初的部分，也就是整場演講的「開場白」。最近在演講中經常使用的就是最前面提到的「普通的中年大叔」。

聽說星巴克的前CEO要來演講。看了他的經歷真是不起。心想不知來的是什麼樣的大人物，結果出現一位路人甲。

是的，我就是個普通的中年大叔，但很幸運地當上了星巴克的社長。這是經過努力之後才得以爬上這個地位。正因為如此，我希望大家聽聽我的故事。

當然，事前我會先取得今天來聽講的有哪些人、主辦單位有什麼期待等資訊，依現場狀況來隨機應變當然也非常重要。

這種「開場白」的效果非常好。通常，在緊張的背後，往往想讓自己顯得強大。但是這樣的話，周遭對你的期待會增加，壓力也隨之擴大。

因此，我認為不需要偽裝強大，反而應自我矮化，以減少緊張感。

沒有必要虛張聲勢。就是一個平民派的領導者而已，因為那才是真正的自我。

在這種自然的溝通之下，便足以讓周遭的人想要追隨你。

Chapter

03

別跟下屬去喝酒

——眾人「願意追隨」的領導者管理術

18 投手和游擊手孰輕孰重？

領導者沒什麼了不起

前面曾提到過，我在擔任星巴克的CEO時，曾打算積極巡視分店，結果在各分店遇到的都是相同景象。我想，每家公司都一樣吧，社長巡視分店應是非常罕見的事情。

我到分店時，店裡的員工都緊張得不得了，其中甚至有人緊張到連話都說不清楚了。

這時，我經常拿最喜歡的棒球做比喻：「在棒球隊裡，討論投手和游擊手誰比較重要沒有任何意義吧！擔任CEO的我或許像投手一樣，但是，只有投手一個人能夠比賽嗎？當然不行。還要有捕手、一壘手、游擊手、左外野手、右外野手以及其他守備位置的人選都齊全，才能夠比賽。」公司是一個團隊，自然與棒球隊是一樣的。

我只是不小心當上公司的 CEO，各位則堅守著各分店的崗位。只有這樣的區別，角色不同而已。

事實上，這是完全正確的事實。

一千億日圓的營業額從何而來，假設消費者的單次銷費的金額為五百日圓，那麼，一千億日圓就是員工說了兩億次「謝謝」所創造出來的。

我自己心裡非常清楚，我的薪水也是託這些員工之福而得到的。即使我自己在休息的時候，店裡的員工們仍站著努力工作，全心全意地銷售商品。因此，我無時無刻都抱著感謝的心情。

當然在職務上，是由我來交代員工做某些事情，或是提出某些嚴格的要求，但我從來不會誤以為自己很偉大。這不是說漂亮話，從一開始在美體小鋪擔任社長時，我就抱著這種想法。

回想起來，不論在日產汽車或可口可樂，在我晉升到某個職位後，就不曾想過自己有多麼了不起或是有多麼優秀。因此，還記得當我離開外商顧問公司Gemini時，有一位女性助理員工還寫信跟我道別，稱我是「容易溝通、最平民化的顧問」。

應以「要讓所有人幸福」為原動力

身為社長，在公司裡難免會出現上司要對下屬有所指示的時候，但是在工作結束後，這一切也要跟著結束。雖然下班後常受邀參加員工的聚會，或是在公司樓下請我先搭計程車等，這些都令我非常排斥。

我認為從離開公司那一刻起，就應該恢復一對一的普通關係。畢竟大家不過是在公司的各個職位上，扮演自己的角色而已，完全沒有誰比較偉大可言。

但遺憾的是，很多人對此產生了誤解。總認為自己職位高，就應該受到尊敬。即使離開工作崗位後依然如此。

其實，領導者應表現的是使命感，並非高人一等的心態。

也就是抱著「要讓大家都能幸福」的想法。這才應該是領導一家企業最大的原動力。

我本身可以說就是抱著這種使命感來擔任社長的職務。

而且如前面所述，這種使命感是與責任感密不可分的。要讓大家都能夠幸福，才是領導者的責任。

辛苦的同時也會有不如預期的狀況，甚至有不被下屬理解的情形。即使如此，我仍會努力，而且在第一線的所有員工也都各盡其職，想到這一點，自然就會加倍努力。

我認為所謂的領導者，存在價值就在這裡。

「19」從關心部屬開始做起

對部屬的部屬也要關心

因為成為組織的領導者而擁有了部屬之後，有一件非常重要的事，就是關心他們。

反過來說，最不應該做的就是對部屬不聞不問。

上司對下屬的事毫無興趣也不關心，身為下屬的人會很難過的。

要做到這點並不困難。隨時注意下屬的情況，無論下屬沈默不語、精神不振，或心情開朗、神情興奮時，都不妨向他們打聲招呼。單是這樣，就能讓下屬知道「上司是關心我的」。

回想從日產汽車時期開始，我跟總務部門或擔任助理的女性員工都能相處愉快。例如在影印室，遇到員工也在影印的話，我一定會和他們寒暄幾句，或許就是這個原因吧。

後來離開時，我記得員工們給我的留言，有好幾個人寫著：「岩田社長無意中說的一句話幫助了我。」

通常，看到一個人的表情就大概可以了解對方的狀況。若有人顯露出疲態，我一定會為他打氣。若遇見新進員工，也總會詢問一下：「還好吧？習慣了嗎？」

我認為職位愈高，這種態度愈是重要。例如，升上部長時，若只關心直屬的課長是不對的。對於課長的部屬也應該關心。因為部屬的部屬仍然是自己的下屬。只關心下一層的部屬，對更底下的部屬卻不聞不問，還是會引起他人的不滿。

就算當上了社長也是一樣。連第一線的員工都應該關心和注意。

「社長很重視我們」、「社長很關心我們」，當員工產生這樣的感覺，工作動力必定會出現明顯的變化。

同時，這也是收集各種資訊的好場所。不論任何企業都一定有不願意讓社長知道的事。而第一線也是最常出現業績惡化或是員工士氣低落的地方。社長親赴現場傳達關心之意，我相信必能明顯減少這些風險。

「社長關心員工」、「社長重視員工」，這種訊息也具有「突擊檢查」的功能。

建立不與員工一起聚會也能聽到真實心聲的關係

有不少上司或領導者認為，要促進與下屬之間的關係，一起飲酒聚會是很重要的。因為他們覺得在喝酒的場合，可以放下身段，輕鬆聊天，便能夠聽到很多真心話。

但我並不這麼認為。重要的事不應該在喝酒的場合談，而必須在精神狀況良好的狀態下好好商量才對。更甚者，應該要建立起不聚會喝酒也能聽到員工心聲的關係才對。

因此，我認為沒有必要勉強自己與下屬去喝酒應酬。

而且我也不太可能領著大批下屬去喝酒。因為，職場是職場，私人的場合是私人場合。

前面曾經提到，出了公司就該把職位拋開。大家一律平等，純粹是一對一的普通人際關係。

或許工作結束後會去小酌一下，但這並非工作或公司業務的延伸，是單純的個人行為。同樣的，若以個人身分受他人之邀，如前面所說的，對方在平價的居酒屋用自己的錢付帳，我反而覺得高興。

有些人以為成為上司之後，便得跟下屬應酬，但我倒認為正好相反。

平時就應努力建立起不需跟下屬喝酒也能聽到員工心聲的關係。

即使不勝酒力，或不跟下屬一起喝酒，同樣都有下屬「願意追隨」的領導者。

建立起不需要仰賴喝酒應酬的人際關係才重要。

「20」經常站在第一線的立場思考，並重視第一線

愈接近自己的人，要求愈嚴格

前面多次強調要注重銷售現場，理由是十分明確的。

首先，我認為銷售現場才是支撐整個公司的精神所在。因為產生出附加價值的「火花」正是在第一線。

還有一點，「等距離」接觸所有員工的觀念非常重要。不論店裡的工讀生或是總公司的資深員工，都是應平等對待的工作伙伴。不過，實際狀況往往是每天都能見到公司的幹部，卻無法每天接觸第一線的員工。

雖想等距離的對待每一名員工，但如果沒有主動接近的強烈意識，第一線的員工就會漸漸疏遠而產生距離。

因此，重視現場就可以取得平衡。要經常站在地位較弱、距離較遠的現場員工的立場來思考。

同樣的，對第一線員工較為寬容、而對自己身邊的人較為嚴格，也是為了能夠取得平衡。

遺憾的是，很多人職位愈高，愈容易忽略現場卻是事實。因此，保護第一線員工、給予最多支持是刻不容緩的第一要務。

在星巴克時期，當我巡視分店時經常詢問他們：「有沒有什麼問題？」結果有一次居然了解到分店反應電線斷了一個月都沒有人來處理。

總公司按一般流程處理，但到了現場才發現傳達有誤。因此，我認為有必要加強聯絡，並需要新的傳達機制。

公司思考現場狀況而採取各種措施，投下龐大經費，但是卻無法獲得現場員工好評，這是一大打擊。什麼都不做的話固然評價不佳，但為了現場而做出各種努力，卻得不到好評，我認為更加負面。

必須到現場才能看到問題

事實上，有些事情必須親赴現場，與現場的員工溝通才能了解情況。而且不僅止於業務方面的工作。

在美體小舖時期，曾有一位員工因工作努力得到升遷，而且在升遷的同時，她從約聘員工成為正式員工，可以獲得年終獎金。

但，她卻哭著向我訴苦：「我是不是做錯了什麼事情？公司要調降我的薪水？」詳細詢問後才知道，她雖然升為正式員工，但是薪水卻大幅下降。約聘員工是將年薪分成十二份，但是成為正式員工後，由於可領到年終獎金，因此，並非單純地分成十二份。年薪是增加的，但因為含有獎金，若以月薪來看反而減少。

人事部門仔細向她說明後，這才讓她安心。由於人事部門的疏忽，結果卻讓努力工作的員工產生極大的誤解。

公司想為員工謀福利，卻帶來完全相反的結果。有許多類似這種必須到現場才能發現的問題。如果不與現場保持暢通的管道，很可能會疏忽掉。

還有一點，在我任職日產汽車時期曾發生過這樣的事情。有一次，車門的玻璃窗工廠因交貨延遲，可能使汽車製造工廠的生產線必須停工。一旦生產線停工，便會出現每分鐘一百萬日圓的巨額損失。因此，我受命前往玻璃窗工廠一探究竟。

到了工廠一看，我嚇了一跳。原本以為玻璃窗的生產線已經停止了，但到了玻璃窗工廠的現場卻完全不是這麼回事。所有的玻璃窗已經全部生產完成，但工人卻因為在出貨時，必須將每一片窗戶上的指紋仔細擦拭掉才能出貨，因而必須延遲到交貨時間。其實，到了後面的組裝過程中還是會沾上指紋，對玻璃窗工廠來說，這是個多餘的程序。

為什麼會這樣呢？因為日產汽車驗貨標準非常嚴格，只要產品上沾有指紋就會退貨。這其實是日產汽車不合理的要求，讓底下的零件廠商從事多餘的工作，結果反而耽誤自己的生產時程。

沒有親赴現場、不重視現場，或不考慮別人的立場，是無法發現許多事情的真相或問題。身為領導者務必記住這一點。

「21」交付工作時，要從「為什麼這麼做」開始

讓下屬產生使命感的交代方式

在組織中擔任領導者時，必然會出現要交代下屬做事的狀況。

這時，如果僅僅告訴下屬：「這件事情處理一下！」我想，下屬是不會認真面對工作的。因為，下屬對於這樣而來的工作不會產生使命感。

例如，請下屬製作一份資料時，如果下屬了解到這份資料的意義、有什麼用處等，我相信他們一定會以完全不同的態度來接受這項工作。

也就是說，並非單純「將工作交給下屬」而已，而必須讓下屬了解這份工作的重要性，並盡可能詳細說明工作的背景及期待的成果。這樣的話，下屬必定能產生工作欲望。

這份簡報資料要用在什麼場合、對象是什麼人、目的是什麼、什麼時候需要、優先順序為何？如此詳細傳達，接受任務的人就可了解該以什麼速度以及方法製作出資料。

換一種說法，**就是明確的交代「Why」（為什麼），而非「What」（什麼）**。交付下屬工作時，要告知工作對整個公司的意義與作用，並說明此工作的背景，以及它的必要性。

我從日產汽車時期起，就會告知下屬：「這是部長會議要用的資料」、「部長要求哪些內容」、「什麼時候需要」等，明確指出用途、對象以及時間，而非單純的命令：「製作這個資料」、「這個計算一下」、「整理一下這個圖表」。因為我認為這對下屬而言也是一種學習。

如果不這樣說明，下屬有時會拘泥於沒有必要的瑣碎部分，而在需要高精確度的資料中卻出現錯誤，或將時間浪費在不重要的地方，而導致工作延宕等狀況。

但這並非下屬的責任，而是領導者的責任，因為沒有明確將背景（Why）傳達給下屬。

反之，若先確實說明背景，下屬往往能主動附上相關資料，甚至是具有附加價值的資料。

糾正之前先誇獎對方

下屬完成交付的工作後，而上司要與下屬一起檢討時，還有一點需要注意。前面也曾提到，**要糾正某些事情時，先給予下屬肯定，或先加以誇獎之後再來糾正。**

下屬將完成的資料交給上司，如果立即被打回票，下屬一定感到很氣餒。一般而言，上司很容易將注意力集中到自己不滿意的地方，所以，最好先找出能夠誇獎的地方。

以簡報資料等為例，我經常先找出好的幻燈片作品來誇獎，如「拍得很漂亮」、「圖表簡單易懂」。然後再指正：「這個地方最好再修改一下。」我已經養成了這種習慣。先誇獎下屬之後，再指導他們該怎麼做。

利用這樣的緩衝方式，下屬面對上司交付的工作時，不論幹勁和使命感都能產生極大的變化。

希望大家都能學會這種先誇獎、再指正的領導方式。

22 要從「上司、同事、部屬」全方位觀察一個人

詢問部屬的部屬的意見

身為組織的領導者，最重要的工作之一就是為部屬打考績。但這實在不是件簡單的事。而且，地位愈高愈困難。因為地位提升後，就不太容易看清楚下屬真正的表現。

事實上，確實有眼裡只有上司，卻不重視下屬的人。我以前就見過不少這樣的人，而且也曾經遭受過這種悲慘的待遇。

以我過去的經驗來說，對上司逢迎拍馬的人，通常也希望部屬以同樣的方式對待他。他們對上司低聲下氣，但是在部屬前面則作威作福。

而且，對他逢迎拍馬的人，就會成為他寵愛的對象。

當我發現這種現象後，在為自己的直屬部屬打考績時，必須問問此人部屬的意見才行。

從上司的角度來看，即使下屬沒有明顯的諂媚現象，但總是唯唯諾諾，對這種部屬通常不致於留下壞印象。也可以解讀成這樣的部屬相當了解自己，而且願意追隨自己。

但是在詢問他的下屬之後，才發現他待人非常傲慢，而且會使用在我面從來不曾有過的態度道我的長短。不幸的是，這種事還常常發生。

我本身必須虛心接受各方批評，但是在評價下屬時，卻必須將這種雙面人的表現考慮進去。對上司低聲下氣，對下屬卻驕傲跋扈，這種前後不一的人確實不在少數。

除了部屬的部屬之外，詢問周遭的同事也是一個方法。我就曾針對特定的部屬，詢問自己的秘書：「妳覺得這個人怎麼樣？」也曾經過多方詢問之後確認了這個事實，並發現不少問題，最後要求某位部長辭職。

由上向下的觀察，往往與從側面或由下往上的觀察結果不同。因此，領導者在評價一個人時，應盡可能從各種不同的角度來獲得資訊。

人事安排透露著最高經營者的人格特質

或許你也看過向上司阿諛奉承的人出頭天的例子。

一位上司沒有確實詢問下屬和周遭人意見，若要在阿諛奉承自己的部屬與另一名腳踏實地的部屬之中提拔一人，通常大概會選擇前者吧。

非常遺憾的，擅長討好上司、懂得「職場生存術」的人確實升遷較快，而且上司對他的評價也比較高。

同時期進公司的同事，看到這種人受到的評價遠高於自己，或許會提醒自己「要好好學習」，這樣才可能年紀輕輕就受到提拔，或是調到較吃香的單位。

不過，依照我的職場人生學來判斷，所謂「職場生存術」仍有它的限度。

即使中途比別人早升遷，但是之後便會停滯不動，這顯示出此人的幸運到此為止，無法再更上一層樓。畢竟，最重要的還是真正的品德和實力。

這代表組織會確實地觀察每一個人，充分理解只有實力夠堅強的人才能夠賦予更大的任務和責任。我的印象中，凡是有一定規模的企業，在選擇人才時，除了能力之外，還非常注重品德。

企業選用什麼樣的人才？提拔什麼樣的人升遷？都可說是來自經營者的訊息。到底是「果然是那個人」？還是「為什麼是那傢伙」？

我認為，重用何種人才的人事安排，正透露著一家企業的文化和最高經營者的人格特質。如果逢迎拍馬的人能出頭，那麼，所有員工都可能成為這樣的人。

下屬都在仔細觀察著績效評核以及人事安排。想成為部屬「願意追隨」的領導者，就必須意識到這一點來進行考評和人事安排。

「23」大方針依「直覺」來設定即可

隨時回到創業的初衷來思考

身為組織的領導者，在進行營運細項之擬定前，有時必須先訂出大方向。可以與下屬一起討論後決定，也可以由領導者自己決定。要在所有部屬的關注之下訂出大方針，相信會令不少人感到頭痛。

但我認為不妨用直覺來定奪，也就是憑感覺來決定即可。**即使沒有確實的依據或邏輯，領導者應該也能概略了解對目前的組織而言，最需要的是什麼。**

因此，我認為應該重視這種直覺，或是「某個地方似乎有問題」的感覺。

我剛開始在ATLUS擔任社長時，就直覺地認為「必須將我的夢想告訴員工」。當時我並沒有明確的依據，只是因為公司處於非常艱難的狀態。大頭貼熱潮消退，接下來不知道要何去何從，使得公司內部充滿了窮途末路的氣氛。

每家公司都有創業的出發點。ATLUS公司的出發點就是「遊戲之心」。我必須重新找回玩遊戲時，既期待又興奮的氣氛，將公司從組織重整的危機之中帶上夢想的舞台。

我重新展開已經停止製造的大頭貼機器和睽違八年的遊戲軟體開發，並開設全新的大型娛樂中心，做為描繪未來的種子。由於此一契機，公司內部的氣氛才逐漸改變。

在美體小舖時期，也同樣曾經陷於業績惡化的泥沼之中，依我的直覺就是安妮塔女士的創業初衷與目前員工的觀念、公司的發展方向並不吻合。在品牌的經營上過度重視表面，卻不夠腳踏實地。

好的品牌固然需要注意產品的所有細節，但最重要的，還是分店第一線員工的服務。品牌是從顧客實際在店內的體驗所產生出來的，包括顧客的接待、商品的說明等，各個方面結合一起才能呈現出品牌的實體。

因為非常喜愛美體小舖品牌而在公司工作的員工都非常清楚這一點。實際赴各個分店所看到的，也與我想像的一致。因此，只要提高員工的工作動機，公司一定能夠重生。

這時候，浮現在我腦海裡的是目標年營業額一五〇億日圓的口號。當時，公司的營業額銳減至六十七億日圓，雖然企圖重新站上一百億日圓大關，但一開始卻困難重重。

我擔任社長後，首先詢問經營企畫部門：「美體小鋪在日本的前景如何？」再進一步調查了各地區的可能展店數、美體小鋪在全球的市占率、一個品牌在日本的平均營業額等，推算出大約一四〇億日圓的答案。

於是我決定：「那麼，就以一五〇億日圓為目標，多出的十億日圓就靠大家的努力了！」不過，考量了成長的速度，我設定了以三年或五年時間來達成。

我相信只要堅守安妮塔女士的創業理念，這個品牌一定能夠成功。

當時除了我以外，沒有任何一位員工相信能夠達成目標。但我認為絕對可以。之後，實績慢慢上升，抱著同樣夢想的員工也逐漸增加，接著，成長速度愈來愈快，經過四年後，營業額終於成長至接近一四〇億日圓。

設定較高的目標有助於達陣

在我就任星巴克 CEO 時，年營業額約九六六億日圓，但我提出了二千億日圓的高目標。

成為 CEO 之前，我曾訪談了大約五十名部長級的幹部，最後一定問他們：「根據我的直覺，星巴克是優良品牌，在地方上還有展店可能，因此，我認為年營業額可以擴大至二千億日圓。你認為如何？」結果所有的人都回答：「可以。」

不需要任何道理，只是因為公司具有優良的企業文化，因此，認定了二千億日圓符合這個品牌，便提出這個數字。

不需要精確的說明，靠直覺就可以訂出中長期的目標。

當然，二千億日圓在我擔任社長任內並沒有達成。但沒有關係，美體小舖也是如此。但，訂出較高的目標，公司的員工氣氛便能大幅改變卻是事實。

事實上，美體小舖在短短四年間的營業額成長至一三八億日圓，這當然是所有員工共同努力的結果，但我認為提出一五〇億日圓的數字也發揮了相當大的功效。當時我們評估可行便開始大膽展店、召募人才，大步向目標邁進。過去一直很難達到的一百億日圓大關，輕易便突破了。

正因為方針是來自直覺的，因此不需要過度精密的思考，立刻就可以往目標邁進。

中長期的大方針未必需要理論，即使毫無根據也無妨。我認為由領導者根據直覺來決定即可。

「24」要為成果負擔所有責任

推測半年後可預見的成果

企業經常可以見到組織或團隊受領導者的影響而改變。當然，領導者希望立竿見影也是人之常情。但是，事情未必如此簡單。

我對此並沒有刻意觀察，但我想，無論任何公司都要經過半年左右的時間才能開始看到成果。ATLUS、美體小舖、星巴克皆是如此。

畢竟，最初的半年還有許多事情處於不明朗的狀況，因此，必須先學習到某種程度的知識才行。而且，還可能遭遇預想不到的狀況，或被迫處理突發事件。

但經過大約半年時間，情況便能逐一改善。美體小舖從半年後開始連續三十二個月達成目標。星巴克雖比前一年大幅衰退，但經過半年後開始從谷底翻升。

我估計從訂出大方針、將經營策略做好各種修改，到改變員工的觀念，整個準備期間需要花費半年時間。

我過去在顧問公司學到的，就是以三個月時間來了解該產業的業界狀態，然後再整理出建議的工作方式。

接任領導者之後，三個月內要掌握概況，接著拿出具體成果，報告也好、新的策略構想也可以。接下來的三個月便要開始付諸行動。

也就是說，這些行動要看到實際的成果，正好在半年之後。因此，我認為無須急於一時。

不可能很快就可得到結果，不妨以半年做一個區隔。

評價部屬時，過程重於結果

領導者最重要的當然就是為結果負責。尤其是成為經營者之後，更是沒有任何藉口。如果缺乏這種心理準備，就無法成功經營好一家公司。

但，如果是**站在評價者的立場時，則必須適時地觀察下屬的工作過程**。

對下屬而言，結果固然重要，但絕非僅此而已。

遭遇突發狀況的例子就不少。例如日圓快速升值，出口相關產業就會面臨嚴竣的考驗。面對這種不可抗力的事件時，採取了最佳應變方式的員工就應給予適當的良好評價。

任職於日產汽車時，就有一件事令我記憶深刻。前面也曾提到，我曾外派至銷售據點擔任業務員。每天拼命推銷，度過一段艱苦時期，最後創下最高銷售紀錄，而獲得日產汽車社長獎。

在所有員工齊聚的場合中，社長向大家說：「岩田發出去的名片比任何人都多，總數達到二萬張，是一般員工的一百倍。」聽到這樣的誇獎讓我心喜莫名。

我高興的不是賣了幾輛車，那不過是個結果而已。

二萬張名片需要多少勇氣、勤快地拜訪顧客？我開心的是這個過程。也就是說，社長注意到了我獲得成果的過程。後來，我被提拔為日產汽車的常務董事。

等我成為社長之後，在觀察下屬的工作狀況時，即特別注意過程。如果發現一名員工「盡了最大的努力」，那麼，對他的評價將遠超過他所獲得的成就。

在美體小舖時期，有位負責展店工作的員工每天拜訪各地不動產業者，以找尋適合的地點，最後，他終於找到適合展店的店面。

像美體小舖這樣的品牌，只要待在總公司，不動產業者自己也會帶著物件來推銷，若有適合的店面再去現場看就好了。但是這名負責展店的員工卻透過自己的雙腳親自找尋店面。

他找到的店面並不能算一百分。不過，我告訴他絕對會在這裡展店。因為過去從來沒有人像他一樣，靠自己的雙腳來找尋店面。我給予他很高的評價，以充分顯示公司重視的是什麼。

我在大家面前誇獎他：「揮著汗訪問每一家不動產公司以找尋店面，這正是這份工作的最大意義」。

觀察下屬工作的過程，將可大幅提高下屬對工作的動力。

「25」 人品好比工作能力好還重要

要小心「工作能力強，但人品不佳」的部屬

領導者該如何評價部屬？這裡介紹一個簡單易懂的方法。

先以工作表現「好」和「不好」做為橫軸，人品（亦即個性）「好」和「不好」做為縱軸，畫出一個矩陣圖。

這樣會形成「工作表現好，人品好」、「人品好，但工作表現稍差」、「工作表現好，但人品不佳」、「工作表現不好，人品也不好」四個區塊。

領導者最喜歡的部屬當然是「工作表現好，人品也好」。那麼，其次是哪一種呢？或許有人認為「人品好，但工作表現稍差」對上司而言有些困擾，但其實未必。因為，只要找出他擅長的部分讓他發揮即可。也就是仍有教育的可能。

然而，最令人頭痛的是「工作表現好，但人品不佳」的部屬。

這種部屬會說：「我只要拿出成績來，你就沒話說了吧！」但他們欠缺協調性，也不聽從領導者的指示，常破壞團隊的和協。不過，他們在工作上倒是表現很好，而且很會自我吹噓。尤其要注意的是口口聲聲說是為了公司，卻在背後善於算計、只知自保的人。

這種部屬值得給予他很高的評價，或拔擢他升遷嗎？我的答案是NO。或許可以交付某種程度的任務給他，但絕對不能賦予他太大的權力。因為他們會為周遭的人帶來困擾（我自己就有多次看重這樣的部屬，結果卻慘遭失敗的經驗）。

當然，若針對業績，可以給他適當的考核或提高獎金，但絕對不可以讓他有所升遷。也就是說，可以給他金錢獎勵，但不能賦予他更多地位。

我認為在組織中，地位愈高的人，其「人格（品德）方面的能力」應更重於「技術方面的能力」。也是我理想中的領導者形象。

人品不好的人，本來就不應該領導太多部屬。組織裡反倒是需要即使技術稍嫌不足，但具有良好人格和品德的人才。部屬「願意追隨」的領導者正是這種人。

若想晉升高位，就應提高品德

有句諺語：「to be good 比 to do good 重要。」工作能力強但人品不足的人，就是所謂的「to do good」。

想在工作上獲得一定成就，或許「to do good」就已足夠；但若想更上一層樓，就必須追求「to be good」。

例如，單純把工作完成就已經是「to do good」，但星巴克真正需要的是具有良好的品格操守，能夠了解星巴克的文化，而且發自內心將工作做好的員工，這才是「to be good」。

重視現場、重視人才、重視企業文化的人，才能夠真正做好事情。否則，無法成為星巴克的優秀員工。因此，教育了解公司文化的人才有意義，這樣一來便可讓他們更接近「to be good」。

即使眼前的技術仍有不足之處，但是之後可以透過教育訓練而學會。不斷支持員工有所成長的，就是領導者的使命。

達到「to be good」之後，就不再需要工作守則。自然而然即可完成星巴克所交付的任務。

反過來說，身為領導者對於想更上一層樓的下屬，務必請他們想像一下前述的矩陣圖。想想看自己屬於哪一個區塊、屬於哪一種人。

單是提高技術水準，畢竟有一定的限度。更應該培養的是人品。因此，提升品格操守與道德修養是非常重要的。

大企業或跨國集團都有非常嚴密的組織結構。雖然也有例外，但是這些企業大多經過數十年的競爭與人才篩選，能力不足或行為異常的人早已被淘汰殆盡。

而且，最後能夠晉升到上位者幾乎都是道德操守優良的人。

大家一定常聽到公司的社長說，從來沒有想到自己會成為社長。他們大多是歷經了重重難關、吃過不少苦頭的人。

而且，通常都不是自己想要坐上這個位置，而是由周遭人推舉而成為社長。這才是理想的領導者形象。

「26」與個性不合的下屬或上司相處得宜的方法

對新進員工以「時薪」來說明

相信有不少組織中的領導者，為難以相處的部屬而感到煩惱。例如，尚未社會化的新進員工就是其中一種。我在日產汽車時期就曾發生過一小段插曲。

我在三十三歲時成為小主管，也就是進入日產汽車的第十年，手下有兩名剛大學畢業的女性員工。她們被分配到我的部門時對工作方式一無所知。我交代給她們的第一項工作是我與客戶見完面後，請她們清理菸灰缸。

之後，其中一人對我說：「岩田先生，我有事想與您談一談，下班後請給我一點時間。」當天工作結束後，她以嚴肅的表情問我：「今天岩田先生要我們清理菸灰缸，是因為我們是女性嗎？」

當然與她們的性別沒有關係。因此，我花了一點時間，正式地回答她為什麼請她做這項工作。

請她們處理雜務，完全不是因為她們年輕或是女性。「我想妳應該知道妳的薪水在部門裡是最低的。如果換算成時薪，更可以明顯看出差距。」

「清理菸灰缸或影印等工作，我當然可以自己來，但是我把這些工作交給時薪比較低的妳們，我便可以空出雙手去做附加價值比較高的工作。」

經過我這樣說明，她終於了解了。不到一年時間，她們對於工作完全改觀，「對不起，咖啡……」我話還沒說完，兩個人就已經自動站起來，幫我完成她們能夠勝任的工作。

周遭的人也看到她們對於工作態度的改變，紛紛交付一些正式的工作給她們。由於得到這些機會，後來，她們分別活躍在不同的領域中。

必要時，善用人事權

然而，很遺憾地，還是難免會遇到極端個性不合或不投緣的部屬。但在職場，本來就不可能人人都能相處愉快。

這時怎麼辦呢？我認為上司應主動接近是很重要的。而且不妨互相以善意為出發點再來對話。

溝通就像一面鏡子。自己先倘開心胸來說話，對方也會以同樣的態度回應。相反的，若抱持著「反正合不來」的心態，想說的話只說一半，我想，對方也會用相同的態度來面對、以敷衍或虛假的話來回應。

主動用真心來對待，相信一定可以看到某些變化。

最近，企業臨時召募員工的情形越來越常見，年齡也參差不齊，有時會遇到年長而且經驗豐富的部屬。其中難免會遇到看不起上司、甚至直接頂撞上司的人。有些上司就常為下屬對自己不敬而發怒。你是否也有同樣的煩惱？

要解決這個問題，最好的方法就是先展現自己的誠意來對話。「我自知不是完美的人，也很想學習各種不同的知識，如果你們發現了什麼我還不懂的事，請告訴我一聲，我也挺想知道的。」用謙虛的態度來面對，相信就能有所改善。

還有一個方法，那就是肯定對方的優點。例如，對業務非常熟悉、擁有消費者觀點、對競爭對手瞭如指掌等。

不要與部屬競爭，而是肯定他們的優點、聽取他們的意見。下屬可能會和你意見不同，但換個角度想，若他擁有你所不知道的知識，正是值得你注意之處。

當我回想過去，單憑第一印象即認為與自己合不來的人，有些人的想法其實與自己頗為相近，到後來反而建立起志同道合的關係。

因此，不要以先入為主的觀念來進行溝通。

不過，當你做到這樣的程度，雙方依然無法順利相處，或甚至出現抗拒的態度時，我認為就應該充分運用上司的立場和角色。極端一點，就是必須讓下屬知道自己是擁有評核權力的人。

若經過努力溝通，還是始終沒有改變的話，只能找尋其他方法，例如內部調動，或是外派至其他部門。

但是絕對要避免報復性的人事異動。只有在對當事人已表現了充分誠意仍無法改善的狀況下，才能行使人事權。

與上司不合時怎麼辦？

相對的，在組織中遇到和上司合不來的情形也經常可見。

這與上述跟下屬不合的情形相同，自己主動與對方接觸非常重要，不過，實行起來比面對下屬還要困難。

我自己也有過深刻的體驗。因為這種情形曾經讓我有數個月的時間幾乎陷入精神耗弱的狀況。

不過，在日本的企業，員工通常四至五年後就會有職位異動的機會。忍耐數年或許是最好的方法。

這是與個性不合的下屬或上司相處的方法。我認為也是對領導者的一大考驗（或是學習）。對於想成為部屬願意追隨的領導者而言，一定能有所幫助。

Chapter

04

對任何事都要抱持懷疑的態度

——眾人「願意追隨」的領導者決斷力

「27」不需要太快做出決策

先掌握「最晚在何時以前要決定」即可

決策或判斷是領導者的主要工作之一。向右走還是向左走？做還是不做？最終決定在於領導者身上。

這時還伴隨著很大的責任。因為要往哪裡走，答案往往並不明確。但正因為如此，才能顯示出領導者的重要性。

近幾年開始，經濟發展的步調又更快了。連決策也開始有不少人重視速度。事實上，絕大多數的經營者在做決策或判斷時都缺乏耐性，我自己也不例外。

在這種狀況下，最應該避免的就是在沒有得到充足資訊，而做出錯誤的決策。若過度求快而判斷錯誤便失去意義。

因此，在還沒有自信做出決定時，我寧可將決定的時間延後。也就是說，**當下暫且將它擱置一旁，同時確認最晚何時以前必須做出決定**。

而且，要繼續收集必要資訊，我相信資訊愈充分，判斷錯誤的可能性便愈低。此外，還必須在決策的最後期限之前，盡可能收集到足夠的資訊。

過度講求快速，在時間還非常寬裕的情形下便草率行事，沒有好好利用時間收集資訊，當然無法將誤判的可能性降至最低。

即使猶豫不決，只要還沒到最後期限就多收集資訊。直到最後一分一秒再說。

不要擔心朝令夕改

在組織中經常會發生以下這種狀況。明明到明天中午以前決定就可以，但就是有下屬想要早點行動，因而希望上司「儘快決定」，於是有些上司便配合著行事。但如此一來就可能發生欲速則不達的後果。

如果領導者很有自信能夠立即做出決策，當然最好不過，但最重要的不是速度，而是判斷的正確性。因此，原則上還是先確認最後期限為佳。

如果收集資訊的時間不足，最好直接請教熟悉狀況或值得信賴的人，聽聽他們的想法或意見。當然，領導者本人還是得負起最後責任。

我在擔任社長時期，經常跳過資深員工或幹部，赴第一線直接詢問現場的實際負責人。因為現場的人通常最了解實際狀況，詢問他們反而是最快、最實在的方法。

有時也會碰到很難下決定的情況，而且職位愈高、困難的案件就愈多。也有可能前一天還認為「這麼做比較好」，但是到了第二天又有新的資訊進來，便發現「應該那麼做比較好」。

因此，我認為只要期限未到，改變判斷也無妨。最重要的是正確性。

這時候，不是考慮自己的面子問題，而是為了公司和所有員工必須做出最正確的判斷，並貫徹你的想法。

我認為即使朝令夕改，或在期限之前的想法有所搖擺都沒有關係。

決策時不需要考慮身段是否夠漂亮，而是正確精準。

28 「事實」與「判斷」是不同的兩回事

可以信任下屬，但不可完全信任下屬所做的每件事

我認為做決策時，最容易失敗的情況就是做為判斷依據的「事實」不明確，或「事實」傳達錯誤。在這種狀況下，根本無法做出正確的決策。

因此，努力蒐集正確的事實非常重要。

例如，應設法取得第一手資訊。直接訪談現場員工就是一種方法。因為在現場才看得見事實，也就是第一手資訊。

那麼，為什麼第一手資訊很重要呢？因為資訊在往組織的金字塔構造往上傳達的過程中，會不斷加入不同報告者的判斷，因而讓「事實」遭到扭曲。

在傳話遊戲中，傳到最後的話往往已經失去正確性。若根據此錯誤的事實來

做決策，當然無法順利推動任何事情。

更甚者，「可以信任下屬，但不可完全信任下屬所做的每件事。」人不是機器，難免會犯錯，或做了不該做的事，甚至做了沒必要的事。如果沒有充分了解便單方面相信對方所說的一切，最後可能會為此而感到後悔。

我在日產汽車時期以及後來的可口可樂時期，都因為在距離現場不遠的地方工作，因此，可以鉅細靡遺地不斷到現場確認所有細節。如果判斷錯誤，即可能因為零件供應不足而陷入停工的危機，後果將更加嚴重。

正因為如此，我認為「可以信任下屬，但不可完全信任下屬所做的每件事。」即使是微小的細節，就算下屬覺得厭煩也要反覆檢查，並且不厭其煩地要求下屬具實以報。

以下屬的角度來看，或許會認為「是否不信任我？」我認為上司可以信任下屬，但下屬不是機器，難免會一時大意或不小心犯錯。

同樣的，第一手資訊也有可能已經被扭曲。在這種情形下，領導者必須親自找尋真相。

重視「事實」勝過「判斷」

做決策還有一件事十分重要，那就是明確區分出情況是「事實」還是下屬的「判斷」。

有時下屬所報告的情況並不正確。怎麼說呢？請站在下屬的立場試想看看。在上司面前，當然儘可能避免說出對自己不利的話。而且即使有問題，也會希望能夠大事化小、小事化無。這乃是人之常情。

下屬經常在「事實」中加入自己的判斷而成為「意見」。就算沒有惡意，也會不由自主地為「事實」加工，以避免成為對自己不利的資訊。但如此一來，卻會讓上司無法做出正確的判斷。

有些組織因重大的錯誤決策而造成無可彌補的損失。我想，這就是因為在傳達的過程中，多次加入了下屬的主觀判斷。現場並非完全沒有問題，但是下屬卻未將真相如實告知。因此，傳達的不是「事實」，而是認為沒有問題的「判斷」。如此一來，經營高層與現場第一線就會出現很大的落差。

我在聽取下屬報告時，每次都會要求他們：「將事實與判斷分開！」這樣，兩者就不致於混淆。

我習慣先聽事實，然後再問下屬對此事的意見。如果不這麼做，就只能聽到判斷，而聽不到事實。

先聽事實，再聽現場員工的意見。然後再以自己身為上司的觀點來判斷，最不利的狀況有多大的風險？真的沒有問題嗎？

事實最具有說服力。首先重視事實，這是領導者應具備的條件。

「29」展現積極與主動，猶豫時就放手一搏

領導者要主動挑戰

在做決策時，**若是積極主動的挑戰，當猶豫不決時，就試試看吧！**

因為即使失敗了，由於是主動出擊，我想，仍可從經驗中得到某些正面的效果。還有，與其做了而感到後悔，總比沒試過要好。

如果進行的不順利，只要能從其中學習到經驗便代表有所回饋。萬一不幸失敗了，就將其列為警惕，下一次多注意即可。

但若是不曾付諸行動，便無法從中學習到什麼。由於沒有經過任何挑戰，這是完全不同程度的後悔。

如果可以選擇，我始終認為要以主動積極為佳。

但是思考較為謹慎保守的人，往往傾向規避風險。不做的話，除了可以降低費用，還可以避免麻煩。

然而，這樣是不可能產生旺盛的鬥志和積極的企業文化，想當然爾，員工也會失去活力。

因此，領導者一定要具備挑戰的精神。

底限在於避免從事可能動搖企業根本的挑戰，因此，在行動之前應思考如果失敗會造成多大的損失，以及能夠承受的風險。經過判斷之後再行動。

培養公司整體的挑戰精神

我至今還記得擔任ATLUS社長時曾做過一個決定。當時公司正處於重整的艱難時期，我認為不妨多設立一些願景。

此時，有人提出設立大型娛樂中心的提案。過去的娛樂中心大多設立於車站附近，以二百坪左右為標準，新提案則建議將娛樂中心設於郊外，面積達一千坪。

我召集所有高級幹部來交換意見，正反意見剛好呈現兩極化。我仔細聽了贊成與反對雙方的意見後，認為無論如何都應該要試試。於是站起來拍了桌子一聲：「好，決定實施！」

這是全新的挑戰，更是首次的嘗試。有人懷疑能否採購到供一千坪場地使用的遊戲機，也有人擔心娛樂中心設於郊區要如何吸引客人。這些確實都是風險。

然而，當時公司的業績正逐漸復甦中，我需要新的願景來帶領大家向前。雖然有風險，但還不致於動搖公司的根基。於是，我們開發了體感遊戲機，還引進了投球機這類的運動機型，並採用了新的企畫，結果非常成功，讓公司的業績加速成長。在當時被稱為日本首屈一指的娛樂中心。

當下屬看到領導者積極的態度，必定也能燃起他們心中的鬥志來面對挑戰。這時，身為領導者更應該全力支持下屬往前進。

領導者在鼓勵下屬迎接挑戰的同時，更要明確向下屬聲明，若失敗了，會由領導者擔負全部責任。

常有幹部向上反應：「我們公司缺少挑戰的精神。」但是幹部自己就擁有挑戰精神嗎？公司內部有形成勇於挑戰的文化嗎？我想有必要重新檢視一番。

如果這兩項要素都不具備，即使想要挑戰也只是孤掌難鳴。

唯獨人事安排，猶豫不決時寧可停止

猶豫不決時不妨嘗試看看，但唯有一項例外，那就是人事安排。因為人事安排若失敗了將很難挽回。我自己就曾經讓不該升遷的人升遷而嘗到苦果。相反的，當我知道被排除在名單之外的人卻默默支持我時，也曾讓我尷尬不已。

人之所以會猶豫不決，必定有某些因素難以決定。在此狀況下，應先停下腳步收集充分的資訊。

不論是員工升遷或召募新人，在人事安排上一定要慎重。必須多方面、長期的、徹底觀察後再決定。

30 隨時保持「一定沒問題」的正面力量

不要有「不待在這家公司就會完蛋」的想法

人生中常會遇到需要做決策的時刻，我的生涯似乎也是圍繞在不斷的決定和判斷之中。其中最大的轉捩點，就是在日產汽車時期赴美攻讀MBA。

當時我還是個不知天高地厚、在眾人聚集的會議中想說什麼就說什麼，而令上司感到困擾的菜鳥，最後還被調到令人為之氣結的部門。前面也曾提到，有不少同事還因此為我打氣，怕我想不開而萌生離職念頭。

由於這次的異動，讓我有了充裕的時間，並努力充實自己的實力。我也是在那時候發現了留學這條新的挑戰之路。

留學雖然非常辛苦，但我認為選擇這條路是正確的。在美國的求學期間，讓我從美國人的角度體驗到了多元的價值觀。

例如，美國人絕對不會勉強自己，對於不願意做的事就直接說NO。這與明明不想參加某個聚會，卻不得不去的日本文化有很大差異。他們完全是個人主義。

學校有很多分組討論的課程，但同學常以「今天要約會」為理由便缺席了，他們對不喜歡的事或個人因素無法配合的事會明確的回絕。連日本留學生都表示，在美國與人交際比在日本要輕鬆許多。

美國人（特別是拉丁裔的美國人）完全是以個人主義至上的方式在生活著，絕不勉強自己。

我從不同種族的同學身上學習到各種人生百態。例如，有一位進商業學院之前曾在非洲擔任護理師志工的同學，突然對商業產生興趣而來到UCLA專攻企業管理，後來在矽谷創業。

除了日本人之外，大多數同學都不願意進入大型企業。他們會選擇新創產業或中型企業，並以能夠實際參與經營決策的職務為目標。這也跟大企業派遣員工出國留學，學成後再回到原來公司的日本留學生明顯不同。

回國後，我會決定跳槽到當時相當罕見的外商企業，也與在美國的所見所聞有很大關係。**從此，我不再有離開這家公司就會完蛋的念頭。**

盡自己最大努力，老天便不會虧待我們

從JEMINI顧問公司到可口可樂公司，我又累積了不少具有挑戰性的經歷，終於在ATLUS公司首次擔任社長。

當時，曾盛極一時的大頭貼熱潮逐漸消退，讓公司陷入了經營困境，不過，能擔任股票上市公司的最高經營者，還是一件非常幸運的事。

之後，ATLUS公司併入了大型玩具廠商TAKARA的子公司，而我則當上這家老牌企業的常務董事，開始推動遠比ATLUS規模更大的事業。在TAKARA，我完成了新事業的創立等成績，公司文化也非常適合我。但我還是想擔任社長。

而當時有三個領導者的職缺供我選擇。一是營業額六百億日圓規模的公司，其次是三百億日圓規模的公司，另一個就是當時營業額六十七億日圓的美體小舖。

幾經考量，我認為能最快當上社長，就要選擇美體小舖。我並不在意公司的規模，而是希望能再次擔當社長的重任，以領導者的身分帶領公司重新站立起來。

我在這裡累積了四年的經驗後，創造出亮麗的業績，讓我有機會成為一千億日圓規模的星巴克CEO。

美體小舖在我的經營之下業績大幅成長，讓我成為更多企業爭相挖角的對象。美體小舖的成就，在我四年任期內相當接近於當初所設立的一五〇億日圓目標，因而在我心中燃起更強烈的鬥志。而在這個時機點與我結緣的就是星巴克。

不論是工作或生活，在猶豫不決時我都會選擇嘗試做做看，或許是因為我對自己有十足信心的緣故。我認為只要努力，必定能獲得回報。

我不知道是否能做到一百分，只是心中想懷抱著挑戰精神，隨時充實自己，盡最大努力去做好每件事。

這樣的話，上天絕對不會虧待自己。而且必定會引導我往正確的方向前進。因此，即使我陷入了困境，仍然能夠重新站起來，而且嘗試更大膽的挑戰。

我希望大家成為領導者之後，也能長保這種「一定沒有問題」的態度。

「31」鍛鍊部屬的決策能力

讓下屬做判斷，並說明理由

教育下屬是領導者的重要工作之一。

做出決策的一瞬間正是教育下屬的最佳機會。因為，對領導者而言，最重要的就是「決定」某些事情。

例如，下屬來請我決定某件事時，我會先徵詢下屬的意見。

「如果是你，你會如何決定？你有什麼想法？」我認為要求下屬表示意見，對下屬來說，是他成為領導者的最佳學習機會。

下屬請我做決策，即使已經知道答案為「YES」，但日後還是可能要求下屬重來或直接打回票。例如，結論過於樂觀、還有需要調查的部分、事實上並不可行等⋯⋯。當我的心中有這種感覺時，就會觀察著下屬的表情，刻意打回票。

因為不能讓他們誤以為這種程度的準備就能過關，而且即使過關，日後可能會對他們造成很大的困擾。

另外，在會議中也曾發生過數字有錯誤，而導致會議中斷或延期的情形。我並沒有責怪製表人，而是責備他的上司在事前沒有仔細檢查。雖然在會議中報告的是製表人，但上司必須負起全責。

但讓我印象深刻的卻是數個月後的相同會議，又發現了與上一次類似的錯誤，不過，這次則是由製表人擔任部長的上司主動提出：「我負責重新製作，對不起！」他在我之前先發言認錯了，我認為這就是一種成長。

這代表了身為領導者的決策範本。如果我允許這種情況一再發生，這麼一來，這種馬馬虎虎的做事態度就會逐漸形成一種辦公室風氣。因此，嚴格要求也是領導者的工作。

銷售商品允許降價至何種程度？

在賣場中，經常發生可允許商品降價到多少的問題。顧客一定會要求打折，而且折扣愈多愈好，但是卻會影響到公司利益。

這時，我會注意下屬已努力到什麼程度，是否已與顧客談到最大限度。顧客會要求降價，代表不認同我們產品的價值。

因此，如何詳細說明產品的優點是很重要的。我認為員工有必要重新檢討自己是否已做了正確的說明。

還有一點，**站在買方的立場思考也非常重要**。

若身為採購人員，向上司回報價格時不太可能直接以「多少錢」就帶過。我希望下屬能向上司說明「我做了哪些努力與對方議價」、「最後讓對方降了多少價格」等。

因此，在公司內部建立一個討價還價的原則很重要。對方也是公司員工，同樣身為員工的我們不妨一起思考。而我方要求降價時也是一樣，必須為對方的銷售人員，製造一個在公司內可以向上司回報的說詞。例如，有其他競爭者、社長不同意、沒有預算等。

員工並不是拿自己口袋裡的錢在採購商品，而是用公司的錢。必要的是原則，而且是否能讓人認同。如果原則確實理由充分，相信雙方都能接受。

過去我在銷售汽車時，在降價方面受到了不少鍛鍊。顧客的滿意度會因銷售人員的交涉技術而有很大的不同。

例如，公司方面告知一二〇萬日圓的汽車最低可以降至一〇〇萬日圓。這時候，對要求降價的顧客，特別是關西的消費者，不會立即提示一〇〇萬日圓的價格。通常會先開價一〇三萬日圓。

這樣一來，顧客大概會進一步詢問：「一〇〇萬日圓可以嗎？」我便露出面有難色的表情向對方說：「我打個電話問問看。」接著拿起電話說明一番，然後一面鞠躬一面大聲說出：「所長，這次無論如何請幫幫我，我一定會在其他方面多多努力。」（其實所長在電話的另一端笑著欣賞我的演技）然後再勉為其難地向顧客解釋：「對不起，再加一萬日圓好嗎？其他部分我盡量協助。」最後以一〇一萬日圓成交。

如果一開始就開價一〇〇萬日圓會如何？顧客心裡大概會想：「應該還可以多降一些吧？」而對銷售者產生不信任感。相對的，經過兩次討價還價，即使顧客最後多花了一萬日圓購買，仍覺得非常滿意。這就是所謂的「銷售滿意度」。

附帶說明一下，若是面對關東的消費者，就必須採取完全不同的交涉方式。關東的消費者很少殺價，如果一開始不降至最大限度，他們就會轉往其他店家。

不論賣方或買方，最終還是決定於雙方如何交涉。

我認為，領導者應該要向下屬示範，站在對方立場所進行的交涉技術和觀念。

「32」要讓部屬信服，就不可以逃避責任

絕對不可以說「這是上頭的決定」

身為領導者，特別是位於中間階層的主管，有一件事情絕對要避免，也就是向下屬訴苦：「我覺得可以，但是老闆說不行。」我認為這是非常懦弱的表現。

「雖然我覺得非常可笑，但是社長這麼下令也只好照辦。對不起，開始動手吧。」也是同樣的意思。

像這樣用上司做為藉口的中階主管，事實上非常之多。

身為下屬會覺得非常失望，因為不知道主管的功能到底是什麼。而且，下屬向主管要求做某件事，卻被以公司高層的名義打回票時，受到的衝擊會更大。

相信這種領導者很難受到下屬信賴，更不用說會「願意追隨」他。

另一方面，公司的經營者也會認為不需要這種「只會逃避的中階主管」。如果中階主管無法充分傳達下屬的意願讓上司知道，或無法將上司的意見如實轉達給下屬，公司根本不需要這樣的主管。

然而，領導者必須確實地向下屬說明為什麼會如此？為什麼公司無法接受他的提案？為什麼社長指示一定要這麼做？明確說明理由絕對有其必要。

就是因為輕忽了這些工作，所以下屬才會感到失望。

例如，假設你是課長，下屬送來的提案在會議中被部長打了回票。如果你什麼都沒有解釋，而且認為下屬已經知道了結果，就將提案置之不理，這樣可能會讓下屬失去對你的信賴。

若是無論如何都希望能夠爭取通過的案子，我的作法會先在會議前向上司說明，沒有得到部長同意之前絕不會冒然在會議中提出。如果仍被打了回票，我也會確實地向上司說明希望案子通過的理由，再向下屬回覆。

站在下屬的立場，雖然案子被打回票的結論相同，但是課長已經向上司爭取過，而且確實說明了理由，相信可以得到下屬諒解。

在平常就要具有強烈的「決斷力」意識

領導者不可以逃避責任。即使能逃避一時，也無法逃避一世。而且，逃避會讓你失去非常重要的東西，也就是「信用」。

在我任職日產汽車和可口可樂這段時間，很幸運的，總是能夠得到客戶異口同聲的讚賞：「岩田是個絕不會逃避責任的人。」雖然我曾對供應商說過嚴厲的話，但是一定遵守承諾。因此，到現在仍和當時的客戶保持聯繫。

我想任誰也不願意追隨一個會逃避責任的人。

在我離開日產汽車後，有一段時間公司經營發生困難。當時出手援助的就是外商雷諾汽車，由卡洛斯戈恩（Carlos Ghosn）擔任領導者。

我向仍在日產汽車任職的友人打聽，得知大家對戈恩社長的評價是「判斷非常明確且快速，而且會協助下屬做決定的人」。

換言之，戈恩社長不會逃避任何做決策的時刻。只要他認為必須做的事，即使有阻礙也不為所動。友人還表示，對於任何決策他總是一肩扛起所有責任，這一點非常了不起。

重大決策有時會傷害到某些人，或令某些人感到困擾，甚至招致怨懟。但如果這些仍然是你顧慮的重點，這樣就無法培養出「決斷力」。

即使會造成某些人的不便或困擾，仍要不畏艱難的執行。領導者要有任勞任怨的心理準備。

從結果來看，過去日產汽車的經營階層大多是逃避者。公司在遭遇到各種問題時卻沒有採取因應對策。逃避責任、掩蓋弊端、不設法解決。我認為這是導致經營危機的主要原因。

領導者絕不可以逃避責任。否則會使組織陷入危機。

不逃避就要面對問題，因此，必須磨練決斷能力。而且從年輕時就得開始訓練。

報告時不僅僅只是簡報而已，還要說明自己的看法。並站在上司的立場，思考假如自己是上司會如何做決策。

決斷力，要透過平時不斷的訓練而來。

Chapter

05

要試著暫時停下腳步

——眾人「願意追隨」的領導者行動力

33 想做什麼就身先士卒吧

領導者親自示範，周遭也會跟著改變

前面提到在我第一次擔任社長時，ATLUS 的營運狀況正陷入困境當中。不過，據說之前在大頭貼熱潮正盛且公司股票順利上市時，內部士氣非常高昂。櫃檯有專屬的員工負責接待訪客，高級幹部也有秘書協助，充滿欣欣向榮的氣氛。

但在大頭貼熱潮消退後榮景不再，業績快速下降，而且找不到新的事業目標，員工也陸續離開，使得公司的氣氛產生很大的改變。

在我接任社長後，公司入口處的櫃檯已經沒有員工，櫃檯上僅擺著一具電話，供訪客直接撥內線分機找人。再仔細一看，櫃檯後面堆積著不知名的紙箱，喝完的咖啡罐、骯髒的抹布則隨意散落在地上。

我曾經聽說過，當公司經營不善而導致辦公室氣氛惡化，會讓公司整體的環境變得零亂不堪。現在親眼見識到，果真如此。

接待櫃檯可說是公司的門面，卻讓我感到非常丟臉。我認為把接待處打掃乾淨是首要之務，於是把這個想法告訴負責的總務部長。

他很快便派人打掃，暫時乾淨多了。但是過了二、三天又是一片髒亂。我又指示了好幾次，情況依然不斷上演。後來我整個人火氣上來，大聲疾呼：「把水桶和抹布給我！」開始親自動手打掃。

社長室的年輕員工趕緊過來幫忙。新上任的社長率領年輕員工打掃櫃檯，旁邊經過的員工都一副不可思議的表情觀望著。經過我徹底打掃乾淨後，從此不曾再髒亂過，更沒有人敢再隨意丟棄垃圾。

有句話叫「身先士卒」，領導者親自帶頭示範，確實能改變公司的氣氛。況且，保持公司整潔乃是基本中的基本。我再次深深體會到，如果員工對公司漠不關心，就會連這種最基本的事都做不好。

遠大的抱負要從實現小目標開始

有些人一旦被指派為領導者，腦子裡就開始充滿了各種不切實際的美夢，不斷描繪著過於理想化的遠大抱負。

但我認為，只會描繪遠大的抱負，是很難看清現實或維持動力的。

大家不妨抱持著以下這樣的想法。

也就是馬拉松選手的態度。馬拉松要跑漫長的四二・一九五公里，如果把這麼長的距離擺在你眼前，大概所有的人都會想：「要跑這麼遠真是太可怕了」、「我恐怕沒辦法跑完」。

事實上，馬拉松選手也是如此想，但通常到最後就是能夠跑完全程。實際問過才知道，他們是這麼思考的：「下一個目標是前面的電線桿」、「再下一個目標是那個轉角」，自己先決定一個短程目標，完成後再設立下一個，就這樣不斷重複，最後完成四二・一九五公里的路程。也就是依續設立小的目標，一一達成後即可完成整個大方向。

不論遠大的目標或抱負，都必須先落實小目標。完成一個小目標後，不妨誇獎自己一下，然後再朝下一個目標前進。

遠大的理想都是從小地方開始。並非一蹴可及。

事實上，要成就一家公司，也要從許多小地方開始累積。如果小環節疏忽了，公司就會逐漸衰敗。

我離開ATLUS很久之後，聽到後來經常造訪該公司的人說：「以前ATLUS的公司環境非常髒亂，自從岩田社長來了之後就變乾淨了。」

領導者對小細節更應該注意。如果發現問題，親自動手是最快、也最有效的方式。

我認為，以這種態度才能讓下屬產生「願意追隨」的信賴感。很多變化都是從小地方開始的。

「34」把時間和效率當一回事

「要去的樓層」與「關門」按鈕，應該要先按哪一個？

所謂行動力，有個重要的基本觀念。

那就是重視時間與效率。我很幸運的，大學一畢業就進入了日產汽車，因此能接受到徹底的鍛鍊。

我到現在還記得，當我開始從事生產管理方面的工作時，曾拿著碼表來計算哪一項作業需要花費多少時間。並檢討如何才能快速且正確地完成工作。

我也了解到日本的製造業曾經藉由這個動作的經驗，建立起有效率的製造模式。我想，不論任何產業、任何工作，甚至日常生活中的小動作都是如此。

以搭乘電梯為例。你會先按「要去的樓層」還是「關門」按鈕呢？而先按哪一個比較有效率呢？

答案是先按「關門」，然後再按「要去的樓層」。

這樣的話，電梯可以提早個零點幾秒做出關門的指示。雖然只有零點幾秒，但如果不斷累積，就可變成好幾秒、好幾分鐘，甚至幾小時、幾天的時間。

是否重視時間與效率，以及是否在年輕時就學習到這種觀念，能夠支配的時間就會產生很大的差距。

上帝賦予人類的時間是公平的，每個人一天都只有二十四個小時。如何有效率地利用時間？有沒有浪費？雖然同為二十四小時，但觀念的差異讓有些人能擁有充裕的時間來行動，有些人則沒辦法。

例如，當同時有兩件事情必須處理，應迅速思考先做哪一件事會比較有效率，並把思考的時間降至最低。這種習慣可以幫助你有效率地使用時間。我自己甚至還認真的思考過洗澡時，要依什麼順序洗最有效率。

這對行動力也有很大的影響。該做什麼事？什麼時候應該做？重視時間與效率可以提高對行動力的敏感度。

能夠立刻處理的事要盡快完成

基本上，我的作法非常簡單。就是能夠立刻處理的事情便盡快把它完成。因為人是非常健忘的。

所以，能做就立即去做。除了需要花費時間的事情之外，都應立即行動。

電子郵件我也會很迅速的回覆，常令下屬感到驚訝，甚至有人以為我成天坐在電腦前面等著回信。但我的想法是，郵件堆積太多沒有任何好處，既然必須回覆，不如迅速回覆。就如同打棒球般，接到球後立即擲回給對方。

你是否曾經以為稍後再處理比較好，或認為與其他事情一併處理比較理想，或是打算聽取報告後再處理，結果就把事情忘了而後悔過？如果當場解決，就沒有這個困擾了。

你是否曾經把能夠立即處理的事情往後挪，而先進行較花時間的事情？我認為與其如此，不如從能夠先做完的事情開始一件件處理掉比較好。

這樣做反而比較節省時間，而且能夠趁著情緒高昂時加快進行的速度。

因此，應該要重視時間與效率，立即處理能夠馬上完成的事。

常聽人說，領導者對行動的速度感較為敏銳，但我認為領導者大多是行動派的。也就是說，或許是行動派的人才能成為領導者。

執行某項計畫時，有些人喜歡選擇從下個月的一號，或是從下一季的第一天開始執行。但我認為如果可以，應該從明天就開始，這才是身為領導者的態度。

能夠馬上處理的事立即執行，有助於提高一個人的行動速度。

「35」有時需要挪出暫停的時間

有時需要挪出三小時以上的完整時間

前面敘述了時間、效率，以及立即行動的重要性，但另一方面，在思考領導者的行動力時，我認為暫停也很重要。

暫時停下腳步，能夠讓腦子重新思考工作的優先順序，以及真正迫切的需求，並將眼光從現在拉到未來。

領導者的地位愈高，工作則愈忙碌。行程表常常排滿了與下屬溝通和與訪客見面等行程。要注意的是，千萬別讓這種忙碌成為常態，否則，每天將窮於應付眼前的事情。

固然應該重視時間與效率，能夠處理的事情立即解決，但另一方面，有

時也要暫時停下腳步，抽出時間來集中腦力思考。從長遠來看，這才是正確的作法。

但不少領導者常抱怨很難抽出慢慢思考的時間。而行程表上縱然會有空檔，但也大多是零碎時間。要暫時停下來仔細思考，確實是很困難的事。

靈活利用這些瑣碎的時間也很重要。但是這種時間往往只夠將資訊輸入腦袋，卻來不及輸出。

思考重要事情、營運策略、創作文章等「輸出」的工作，無法利用瑣碎的時間來完成。

像這樣需要綜合各種資訊的思考主題，短暫的空檔絕對不夠，最少需要三個小時以上。

我在美體小舖和星巴克時期，都曾要求為我管理行程的秘書，每兩周一次，設法挪出三小時以上供我思考的時間。

如果不這麼要求，那麼，行程表一定會被排得滿滿的，無法挪出一段完整時間。結果就在忙碌之中被時間壓迫地喘不過氣來。

行程表上除了預定工作外，也要記上成果

忙碌的領導者要如何挪出時間呢？我有一個建議。**首先要做的是，設法了解自己為什麼這麼忙碌。事實上，很多人並不清楚認識每天花了多少時間在什麼事情上。因此，請試著過濾一下每天的工作。**

有一位每天喊著「忙、忙、忙」的社長曾經找我談過。他認為自己花了太多時間在回覆電子郵件上，平均每天要耗費約兩個小時。我建議他試著記錄一下，看看確實花了多少時間。

結果令他吃驚的是，每天花在電子郵件上的時間何止兩個小時，竟然高達六個小時。用了這麼多時間在電子郵件上，當然抽不出空檔。

這位社長在反省過後，為了提高工作效率，定下將處理電子郵件的時間減半的目標，結果順利挪出三個小時。

另外還要建議一點，將完成的工作或行動也記錄在行程表內。

行程表通常只記載未來的行程，但我建議最好將實際完成的工作也一併記錄

下來。我自己會使用電腦來處理這項作業。具有日曆功能的軟體上，除了預定的行程外，我會將什麼時間做了什麼事情的「成果」也一併輸入，而且用不同顏色來區別。

例如，預定的工作用藍色、實際進行中的A計畫相關活動用紅色、B計畫相關活動用綠色，C計畫相關活動用黃色，要處理的電子郵件用紫色，私人應酬用粉紅色，臉書的使用時間用橘色⋯⋯。

這麼做的話，什麼事情在一周內用了最多時間便可一目了然。若發現本周沒有計畫C的活動，即可做為處理電子郵件的時間。

換言之，便可以隨時掌握自己的時間使用方法。

採取這種方法，就能夠了解做什麼事情可以從其中抽出多餘時間，然後做適當的運用。

除了預定的工作之外，成果也要記入行程表內。我認為這樣可以全面性地觀察自己的行動力，而且也是時間管理的技巧之一。

有助理的人，當然也可以請助理協助記錄。

36 要有行動力，從自我管理開始

「午夜十二點」你睡了嗎？

提到行動力，我想很多人會把它想像成發生某些事情時，能否快速採取行動？不過，平時因應突發狀況的準備也相當重要。

與其說是準備，不如說是時時常備危機意識更為恰當。

這對效率提升和時間管理都有幫助，但更重要的是能徹底進行自我管理。

例如，我在美體小舖和星巴克時期，雖然身為社長，但幾乎沒有參加過應酬的飯局。一方面是我的酒量不太好，而且開車上下班不適合飲酒，另一方面，我個人不太喜歡應酬也是很大的原因。

飯局最多的是在可口可樂時期。當時年紀還輕，常常應酬到深夜。但我實在不喜歡，尤其是大家幾乎都已喝醉的第二攤，我真想早點回家。

到了後來，除非真正必要的場合，我盡可能不再應酬。即使參加也絕不續攤，不僅浪費時間而且還把自己弄得疲倦不堪。

我認為深夜十二點是每天的一個重要分界點。十二點之前是否已經就寢，或即使還沒睡著，也已經躺在床上閉目休息，這對第二天的身體狀況有很大的影響。

如果過了這個時間才睡覺，就很難消除前一天的疲勞。

就算只超過一個小時，第二天就完全呈現一種精神委靡的狀態。疲勞感沒有消除，頭腦也不清楚，因為一個小時而犧牲了一整天實在不划算。頭腦不清醒，自然無法做出正確的判斷和行動。

睡眠時間是無法貯存的。典型上班族的起床時間幾乎是固定的，因此，就寢的時間也要規律才行。

我固定在午夜十二點以前睡覺、早上六點半起床。我有養狗，帶狗散步的習慣也是我能夠按時起床的一大原因（事實上，我是為了散步而養狗的）。

想要在午夜十二點以前睡覺，晚上十點以前就得回到家。這樣的話，應酬時就沒有理由續攤了。

更甚者，自己要有心減少喝酒次數也很重要。想要建立圓融的人際關係，我不否認喝酒有其必要性，但如前面所述，即使不喝酒，也能建立起融洽的關係則更為理想。

活動身體，讓頭腦休息

在自我管理、身心管理各方面還有一點需要注意，那就是要經常活動身體，讓全身筋骨可以獲得舒展。

如果過度專心於工作，難免會運動量不足。因此，必須提醒自己時時找機會活動身體。

雖然思考有益健康，不過基本上，領導者的腦袋裡總是想著工作的事情，沒有讓頭腦休息，這樣遲早會造成過熱（overheat）現象。

其實領導者當中有不少人熱愛運動，我想，這是因為活動身體時不會用腦的緣故。停止思考才能讓頭腦真正休息。

領導者努力工作固然重要，但全部心力都投注在工作上是不行的。最好也花些精神在休閒活動上。

如此一來，頭腦才能得到充分的休息並有時間活化，有時反而能產生埋首辦公桌時無法得到的靈感。

「37」要經常問部屬：「有沒有遇到什麼困難？」

領導者的口頭禪應該是「有沒有遇到什麼困難？」

聽到領導者的行動力，或許很多人會問，有沒有什麼具體的行動可以參考？

我將部屬願意追隨的領導者應有的行動，歸納成簡單的一句話，那就是詢問部屬：**「有沒有遇到什麼困難？」**

會讓部屬煩惱的，絕大部分是負面的事情。

因此，問一句「有沒有遇到什麼困難」是非常有效的方法。部屬不太會主動表達困擾的事情，但如果領導者這麼問了，相信部屬就會嘗試與領導者商量。

這句話已經成了我的口頭禪。不論到了哪個部門或是親訪第一線時，我都把這句話掛在嘴邊。因為我認為這是只有領導者能做的事。

幫助下屬解決困難，是需要權限的。要動用人力、物力或金錢？要請誰來協助？或是自己親自動手？

不論用哪一種方法，如果不協助部屬解決，就會成為「問題」。而能夠解決的人，也只有上司。

另一方面，協助部屬解決問題，便能夠獲得部屬「願意追隨」的評價。

必須盡可能協助部屬解決問題

雖然詢問部屬是否有問題，有時也可能遇到他們說出了自己無法解決的事。

最近聽說很多公司的人事命令是遇缺不補，但整體工作量卻沒有減少，因而讓每個人的負擔更重了。如果忙碌的狀態長時間持續，將導致部屬過於疲憊。

或許有不少領導者認為這種事情實在無解，員工也只能咬緊牙關撐下去。

然而，回答「沒有辦法」是無法得到部屬認同的，當然也沒有人願意追隨你。

當員工的忙碌狀況沒有改變，且不滿到達極限時，除了辭職一途，便只能跟公司要求增加人手或是人事調動。而這兩項只有領導者能夠解決，網羅新的人才來改善員工的工作負荷，也是領導者的任務之一。

當下屬提出棘手的問題，領導者不能感到害怕。

相反的，若無法解決這些棘手的問題，不論領導者的能力再強大，下屬也不會想要追隨他。

「有沒有遇到什麼困難？」下屬如果立刻有答案，表示這個問題平時就相當困擾他們，應該盡力為下屬解決才是。

請務必經常詢問下屬「有沒有遇到什麼困難？」我認為，這是使下屬願意追隨的重要口頭禪之一。

「38」用文字來管理部屬的行動

電子郵件未必需要本文

人是健忘的動物，即使是重要的事也會一不小心就忘記。口頭上說的從左耳進很容易便從右耳出。所以，我認為重要的事最好寫成文字留存下來。

現在有一種很方便的工具就是電子郵件。

只要將重要的事情記在郵件中即可。除了內容以外，給什麼人、什麼時候、怎麼做等等都可以記在郵件中，可說是最有效的方式。

臨時談到的事、下屬向我報告的事，或是在電話中告訴我的事，我都會向對方說：「為了避免忘記，等一下我會寫在郵件中。」

我走在公司常被人叫住談事情，很容易就得到很多訊息，電話也非常多。別人說過的事，老實說，很難一一記住。這是很現實的問題，經常記得某某人似乎說了什麼，但卻想不起內容。

如果利用電子郵件傳送給我，就可以隨時查閱了。

不過，這麼一來，郵件的數量勢必增加，甚至多到看不完。因此，我要求下屬要將重要郵件與一般郵件分開，並下點工夫讓標題清楚易懂，讓人只要看到標題就能聯想到內容。

可在公司內訂一個規則，盡可能減少閱讀者的負擔。例如，將結論寫在最前面，有時間的話再看內容。

長篇大論的內容再加上附加檔案，通常要點很多次滑鼠才能夠看到結論，這樣的郵件最好避免。

我任職於外商顧問公司時，最佩服的是只有標題的郵件。標題之外附加星號（＊）而沒有本文。標題就只有「今天幾點集合」、「會議時間變更」等一行文字即可，本文根本完全省略。閱讀完什麼都不用寫即可回覆。這樣可以將點滑鼠的次數降至最低，真不愧是重視效率的顧問公司。

基本上，上司是希望得到下屬的報告。簡單報告讓對方知道事情完成了沒有即可。單是如此，郵件的數量就相當龐大，因此，只需要標題而不需要本文。

大家不妨試著自創出能加速下屬行動的郵件寫作方式。

製作「全年度的工作計畫表」

另一方面，我自己也會將必須記住的事情記錄下來。

例如，我會將「To Do List」以便利貼的方式貼在電腦前。這樣便一目了然，而且上面還會註明各個項目的目前進度。

我會將一個圓形分成四等分，分別記錄要進行的工作。已完成的就畫掉，這樣就可以了解目前工作的進展是剩下二五％、五〇％，還是七五％？

如此一來，不但能管理要進行的工作，還能掌握進度。

除了近期的工作之外，未來「想要做的事」也會用文字記下來。

我記得任職於美體小鋪時，曾於年初發表「今年的工作計畫表」，合計列出了五十個項目，包括發行公司刊物、重新出版公司創辦人安妮塔已經絕版的著作《BODY AND SOUL》等等。

我聽到有人說不可能一一實現所有計畫，我自己也認為能完成三分之一左右就不錯了；但那一年到了年底，達成率居然超過了七〇%。

我認為寫成文字，更能讓人積極地去完成所有事情。事實上，我就經常檢討或詢問下屬某件工作進行的如何。

將說過的話或想到的事情寫下來，對工作絕對有幫助，希望大家養成這個習慣。

「39」心情不好時，不如暫時離開

用自己的「儀式」取得平衡

心情不好就大聲斥責下屬、亂發脾氣……。這個社會還是存在有這樣的領導者，然而，我想大家應該已經十分了解，這絕非一位優秀領導者該有的行徑。

即使不到如此嚴重的地步，當領導者心情不好時，難免會出現臉色難看或不理不睬的態度。這對下屬而言是相當殘忍的。

人難免會有心情不佳、焦燥不安、工作欲望低落的時候，我自己也不例外。因此，當我發現「現在情緒不太好」時，就會刻意暫時離開座位。

並沒有特別的目的，只是隨意在公司裡面走走。不論遇到什麼人，就主動向對方打招呼：「最近好嗎？有沒有什麼問題？」、「我在散步。」若下屬正在討論事情，我就會對他們說：「繼續，繼續，也讓我學習一下。」利用說話來改善心情。

若發現連話也不想說的時候，就到戶外呼吸一下新鮮空氣，藉此轉換心情。

情緒低落時，不想工作或臉色不佳是人之常情。然而，與其這樣還不如暫時離開。

人不可能持續以一〇〇%的飽滿精神在工作。這時不妨與平常精神飽滿、工作積極的部屬接觸，以取得平衡。

此外，最好也分析一下心情不佳的原因。心情不好通常是因為飢餓、睡眠不足等生理因素所引起的，最好避免讓這些情形發生。

此外，擁有屬於自己的情緒轉換方式也是一個方法。以我個人為例，在打算集中精神於工作上時，我會手端著咖啡，同時嚼著口香糖。例如，今天一定要完成某份資料或專心閱讀某份簡報時，我就一面嚼著口香糖，一面工作，如同一種儀式一般。

心情不佳，或想要激發工作欲望，最好能夠自己創造出某種固定習慣。

悶悶不樂或向下屬道歉都無妨

另外，會讓我焦躁不安或心情不佳，多半是浪費了時間所引起的。因為已經知道原因，所以我會意識到盡可能地好好利用時間。

例如，我一定隨身攜帶一本書，只要一有時間就會拿出來閱讀。跟人有約時也不例外，即使對方遲到，我也不會感到焦慮，有時反而慶幸「多了三十分鐘看書的時間」。

當然還是要最好避免心情惡化，不過，人畢竟是脆弱的，難免會心情不好或情緒低落。

這時表現出本性也無妨，悶悶不樂時就悶吧。

或許有人會認為領導者應該是十分強韌的，在眾人面前不可以流露出軟弱的一面，但我並不這麼認為。因為是人難免就會心情不好。

而且，任誰都會犯錯，世上應該沒有不會犯錯的人，所以，領導者犯錯時也應誠實地向下屬道歉。

與其永遠表現強勢，不如誠實顯露出軟弱的一面，相信能得到下屬更高的評價。

領導者「想表現自己好的一面」、「讓自己看起來更強大」是很正常的，但是下屬其實對這樣的事情極為敏感。想讓自己看起來很強勢，或非常在意周遭的評價，反而會被認為是對自己缺乏信心。

只要將心思放在公司、組織和下屬，而非自己，這種態度才是正確的。

Chapter 06

不一定要博覽群書

——眾人「願意追隨」的領導者讀書術

「40」喜歡的書不妨重複閱讀

對書的體會，會依閱讀時期而有所不同

或許在你印象中，大多數的領導者是喜歡閱讀的，而且還是博覽群書、涉獵很廣的人。

不過，我本身雖然愛閱讀，但並沒有讀很多書。事實上，我認為領導者未必要博覽群書。

出差等可以充分閱讀時，我會連續看三、四個小時的書，但忙的時候也可能一整天都沒有時間看書。平均來說，我每天閱讀的時間大約一個小時。算一算，我去年合計大約讀了四十本書，平均一個月三、四本左右。

而且我也並非每種書都看，反而是常常重複閱讀喜歡的書。我會買新出版的

書，但是最近幾年則越來越常重複閱讀以前看過的書。不限於商管書籍，我也閱讀過一些小說。

例如：司馬遼太郎的小說《龍馬行》、《坂上之雲》、《宛如飛翔》等，我都數不清已經讀過幾遍了。商管書籍方面，則以詹姆斯柯林斯的《基業長青》、彼得杜拉克的《有效的管理者》等為主，很多書我也反覆讀過好幾遍。

有趣的是，對同一本書的體會常因閱讀的時期而有所不同。十年前閱讀時會注意的重點與現在就有很大的變化。

我閱讀時會用黃色的螢光筆標出重點，因此常發現：「啊，原來以前的重點放在這裡。」與現在的角度明顯不同。

這可能是現在的身分已與過去不同，也或許是我成長了也說不定。

我想，隨著年齡的成長，閱讀的觀點會更加深入。即使是同一本書，現在往往會將重點放在和過去完全不同的地方。

成長能使人得到新的體會

最近我又重新閱讀司馬遼太郎的《坂上之雲》，以前閱讀時並不覺得特別有趣，現在卻覺得非常生動。可能是現在的我，眼界已經進入了另一個層次。

《坂上之雲》是描寫日俄戰爭的故事。當時，世界上任何人都沒有想到日本能戰勝俄國。但日本以破釜沉舟之勢，在戰爭中漸漸取得優勢。

被稱為這場戰爭的轉捩點之一，就是在日本付出慘痛的傷亡代價才攻下「二〇三高地」時，得到了一條令人震驚的情報，也就是令全世界聞風喪膽的波羅的海艦隊（Baltic Fleet）正航向日本。

這時候，由於日本的艦隊正在進行維修，原本預定需要兩個半月的時間，但因為這條情報，結果僅花了一個月又二十天便修復完成。據說，維修工人連吃飯都站著，不眠不休地拼命工作。

被認為絕對無法戰勝俄國的日本海軍最後贏得勝利，率領海軍作戰的東鄉平八郎，其領導統御能力和作戰方法是重要原因，而船塢工人因為害怕面臨亡國滅種的悲劇而全力以赴，也功不可沒。

讀到這裡，我的腦海裡浮現出年輕時無法體會的感受。時至今日的日本，還保有當時這種意氣干雲的氣慨嗎？現在似乎已經不復存在了吧。

以前閱讀時並沒有感受到這一點，甚至已經忘了書中有過這一段。我想，是因為有了組織領導者的經驗，開始意識到全體員工的身家大計完全掌握在自己手上，以及企業對於社會和國家應該要有所貢獻之後，才會注意到這一部分。

或許有不少人也曾閱讀同一本書好幾次，我想，前一次閱讀的內容應該幾乎都已忘記，讀到某個部分時，甚至還會懷疑：「咦，書裡有這一段嗎？」

每一次都有新的發現反而能增添新鮮感。

希望大家務必試著重複閱讀覺得有趣的書籍看看。

41 同時閱讀不同類型的書籍

覺得是好書就趕快買下來

我覺得與書相遇是一種緣份。

如果對一本書有著「啊，這真是一本好書！」這樣的感覺，必定有其原因。當下就應該趕快買下來，否則，之後可能就會忘記書名，甚至連看過這本書都不記得了。

結果，就這樣與原本有興趣或對自己有幫助的書擦身而過。我自己過去就曾經有好幾次與好書擦肩而過的情況，後來因為想不起書名而後悔不已。

因此，**現在只要覺得這本書很好，我一定會當場就買下來。即使暫時放在家裡以後再看也無所謂。這樣的話，自然會產生閱讀的念頭。**

事實上，我也經常為了正在關心的事而找尋相關書籍。例如，關心領導統御能力時，就會特別找尋這類書籍。這一年來，幾乎讀遍了國內外有關領導統御的知名著作。

閱讀書籍還有很重要的一點，就是選擇作者。

這並非指自己對作者的好惡，**而是根據對自己是否有幫助而定。若判斷對自己有幫助，就應盡可能閱讀這位作者的所有著作。**

例如，想要獲得最新資訊時，曾任麥肯錫公司顧問的大前研一博士就有許多淺顯易懂的相關書籍。書中有豐富的資訊，而且整理得非常有系統。

若是要從大局來了解歷史觀或解讀日本，渡部昇一、小室直樹的著作都值得一讀。而在學習做人處事方面，我幾乎讀遍了安岡正篤的作品，其中最值得推薦的是 **PHP** 研究所出版的《談話錄》。

對於美國領導學之父華倫班尼斯也是如此。只要是「這位作家」或「這類題目」，我便會一一閱讀。一有新書上市更是不會錯過。我認為這樣才能有系統地學習他們的思考邏輯。

閱讀同一位作家的書，就會發現有重複的部分，而這就代表是這位作者認為極重要的地方。多次閱讀之後，自然就能深深印在腦袋裡。

利用螢光筆和名片來回味成長和變化

我的手上幾乎都有四、五本書同時在閱讀，常依心情來選擇想看的書。這樣可以同時看不同種類的書籍，也可以配合心情來閱讀。

另一方面，看某一本書時若覺得無趣，或不適合當天的心情，便會放下再換另一本。

除了小說之外，我閱讀時都會拿著螢光筆。覺得重要的部分就做上記號。這樣一來，以後想要重新瀏覽時，只要閱讀有記號的部分即可。如果想要摘錄重點，則在重點處貼上便利貼或是將這一頁折角。

不過，摘錄下來未必就能記得住，因此，我都購買比較昂貴的筆記本或鋼筆，而且是自己很喜歡的產品來抄寫筆記。

前面提到用書信來傳送訊息時，我會寫一些鼓勵分店主管的話，此時就可以從中摘錄取用。

比起單純的閱讀，同時畫線、做記號、摘錄重點比較容易記住。

隔了一段時間後再次閱讀時，我會改變彩色筆的顏色。如此即可知道兩次閱讀時體會的重點不同。

為了供第二次、第三次閱讀時參考，第一次閱讀完後，便在最後一頁記上日期。這樣可以知道曾經在什麼時候閱讀過。

如果嫌記載日期麻煩，夾入一張當時使用的名片也可以。如此即可了解當時閱讀這本書時正在從事什麼工作。

「原來我那時候剛換工作」、「啊！那正是營運最艱苦的時期」等，一方面回憶當時的狀況，同時對照彩色筆所做的記號，也是一件相當有趣的事。

這樣還可以在第二次閱讀時，回味一下自己的成長過程，以及比較現在與當時的變化。

「42」請自己掏錢買書

好書要與部屬和團隊分享

只要看到好的書我就會立即買下來，結果卻常常發生同一本書多買了好幾本的情形。

碰到這種情況，我就會把書當成禮物送給「希望他成長」的部屬。告訴他：「同一本書沒想到多買了一本。」對方比較不會想太多，而且，上司會重複購買的書多半是好書。

即使不是重複購買的書，我也經常送書給部屬，希望他們閱讀。在我的印象裡，身為上班族應該不會排斥別人用書做為禮物。而且，如果加上自己的感想：「這本書很棒！」相信對方更樂於接受。

我認為在自己擔任領導者的團隊中，與成員共享好書是一件非常棒的事。我們可以利用書籍做為共同語言，也可以由此開始交流。

從《基業長青》一書，我了解到首先最重要的工作就是選擇人才。這已成為共識，例如，推動某項計畫時，首先就要考慮人選。

如果這種想法或用語出現在日常對話中，就表示這樣的觀念已深入整個團隊。在共同的理解之下工作，一定能順利溝通。

要提高團隊內溝通的效率，我認為成員共享書籍資訊是有價值的。

但我並不知道是否所有的人都會對某一本書有興趣，因此，最好不要勉強大家一起讀。

在美體小舖時期，我曾指示所有員工都要閱讀我視為經營教科書的《基業長青》並撰寫感想，而且未來也將以讀過這本書做為與員工交談的前提。

雖然我發現第一線主管和員工對讀書的興趣不大，但我依然強迫他們閱讀。

有一次，某位主管直接對我說：「我對這本書毫無興趣。」聽到了這樣的反應，我反而覺得是件好事。

事後反省，我發現與公司的經營階層無關的員工即使讀了也不會有什麼感覺，當然得不到效果。

用自己的錢來買書

我在公司建議員工閱讀某一本書時，曾有人表示會去圖書館借。當然，每個人的價值觀不同，但我自己除了雜誌以外，不曾到圖書館借書。

原因是借來的書無法在上面做筆記、折角、畫線等。而且，不是自己買來的書，幾年後也不太可能重複閱讀。

我認為書籍是最值得投資的商品。認為對自己的工作有益，用自己的錢購買，閱讀時才會更加認真。

如果現在眼前有免費的書和自己花錢買來的書，你會先看哪一本？我想，大概會看自己買的書吧。

自己花錢買書還有一個意義，就是**因為是用自己的血汗錢，相信會讀得更**

加用心。

此外，也希望大家對於購買的書要有信心。我常看到有人閱讀時會把書的封面遮住，或許每個人都有不同的理由，但我認為遮住封面是對作者不敬的行為。

請光明正大的閱讀書籍吧。至少我是這麼認為的。

「43」多接觸能豐富和撼動心靈的書籍或電影

年輕時，多閱讀對自己有幫助的 how to 書

我現在已不再閱讀那種像手冊般、指導你這麼做、那麼做的「how to 書」。無論這一類書可以給你什麼樣的知識，仍只是淺薄的表面而已，終究是臨陣磨槍。

不但無法提高真槍實彈的能力，也無法用自己的語言來談論工作。

如果領導者在部屬面前直接使用 how to 書中的說法，會顯得極為膚淺。不論想法或工作的技術，都需要長時間的磨練才能真正成為自己的東西。

我認為領導者只會做表面功夫，或只會引用 how to 書中的話，部屬是不會「願意追隨」的。因為部屬想要知道的，是領導者從自身經驗中得到的做法。

那麼，how to 書便完全沒有意義嗎？其實未必。事實上，我在學生時期和剛

進社會時也曾讀過很多這類書籍，其中讀最多的，就是如何做好時間管理的書。

記得當時每天的生活都很忙碌，為了不浪費時間，非常想要知道如何能夠妥善利用時間。

另一種經常閱讀的是如何養成好習慣的書。書中寫了很多提示，說明養成什麼樣的習慣才能過充實的生活。

但我現在不再看這種書了，它們比較適合在年輕時候閱讀。

關於時間管理的書籍給了我許多利用時間的啟示。尤其是我從年輕時開始，就意識到如何妥善利用時間對一個人的影響有多麼大。我就是因此而創造出自己的時間管理法。

指導培養習慣的書也是一樣。我認為在二十多歲以前了解習慣對日常生活有什麼影響，比實踐how to書中所寫的習慣，具有更大的意義。

「人先養成習慣，習慣再塑造一個人」。因此，年輕的時候就必須養成良好的習慣。

學習如何影響他人的心

五十歲過後我改變了想法，現在的我應該閱讀的是能豐富心靈的書籍。當然，繼續閱讀與工作有關的商業書籍還是很重要，但另一方面，也希望多讀一些能撼動人心的書。

不論經營管理或領導統御，最重要的還是如何指揮人，也就是如何影響他人的心。

要做到這一點，就必須更加了解人的心理、人的行為或心理的微妙變化等。說到這裡，順便提一下小說吧。小說會因為有趣而讓人沈迷其中，它不具任何目的，只是為了讓自己快樂，所以我很少購買小說這一類書籍。等退休之後再看小說也還不遲。

另一方面，我認為要了解人類心理的微妙變化，看電影很有用。我非常喜歡看電影，只要有時間，自己一個人也可以進電影院。

以前大多看西洋片，但是現在也經常觀賞國片。我每個月大約看二、三片

DVD，像一些西洋經典老片如《亂世佳人》、《刺激1995》、《美麗人生》等我都看過好幾遍，每次都有不同的感動。

近幾年來讓我感動的西洋片有克林伊斯威特的《經典老爺車》和麥克傑克森的《未來的未來演唱會電影》，我各看了三遍。

過去雖然不太常看國片，但最近相當喜歡三谷喜幸執導的《ALWAYS幸福的三丁目》系列和《魔幻時刻》等作品。

看電影會讓我很快地投入感情，甚至會感動到落淚。看電影是欣賞它的「非日常性」，也可以融入其中，享受成為主角的樂趣。這樣能提高我的感受能力，我也希望永遠重視這份感性。

身為領導者，經常讓自己的內心能夠有所刺激和衝擊，有助於與各種人接觸時產生同理心。也可以保持感性的一面，體會他人的痛苦。

我想，這是成為部屬「願意追隨」的領導者的重要啟示。

「44」

志向有多大，格局就要有多大

向《龍馬行》學到的領導統御

我讀了很多書，不論是否為商業書籍，都從中獲得不少心得。因此，商業以外的書籍也會盡可能多涉獵。

司馬遼太郎的《龍馬行》就是我最喜愛的小說，每次閱讀這本書就深深覺得領導者需要更廣大的志向。而且志向愈大愈好。

明治維新時代，社會上出現許多志士[1]，為什麼有很多人擁戴坂本龍馬？這些志士為什麼「相信龍馬，願意追隨龍馬」？讀者了解嗎？我想原因就如同坂本龍馬的名言「我要幫日本重新清洗一遍」所說的，他懷抱著非常宏遠的志向。

同樣活躍的志士還有長州藩的高杉晉作和長岡藩的河井繼之助，雖然他們也極具勇者的氣概，但卻無法發揮像龍馬般的領導統御。主要原因就是他們終究沒有離開自己所屬的長州藩和長岡藩。

相對的，坂本龍馬則是將抱負擴及整個日本，抱著極為遠大的志向，因而能夠指揮眾多的志士。

是否有遠大而正確的志向，是成為領導者不可欠缺的條件。

那麼，如何才能擁有遠大的志向呢？

方法之一就是盡可能從高處來觀察事物。

例如在組織中，即使只擔任部門主管、課長或部長等職務，要經常從經營者的角度來思考事情。不要因為自己只是課長就只站在課長的立場來思考，而要假設自己如果是社長會如何處理某件事。

這樣的話，身為部門領導者的工作方式也會產生變化，才能夠思考自己的團隊在整個組織或社會中應該做什麼，或應該有什麼樣的意識。

企業經營者則應重用這類有廣大志向和宏觀視野的部屬，因為他們是最接近自己的人。只善長技術面的人大多沒有這類思想，所以很難晉升到高位。

1 譯註：江戶時代後期為推翻幕府的暴政而活躍的在野人士。

因此，從擔任部門主管或課長、部長的時候起，就應該以社長的角度來觀察事物。

這樣可以產生遠大的志向，我認為部屬願意追隨的領導者，就是這麼形成的。

書籍要用自己珍貴的時間來閱讀。為了不浪費時間，可以組合各種方式，但重要的是以較大的格局來閱讀，便能帶來更大的閱讀效果。

Chapter

07

曝露弱點也無所謂

——眾人「願意追隨」的領導者人格特質

「45」優秀的領導者都擁有良好的品德

持續成長的人與成長停滯的人

領導者需要具備各種條件，我認為有一項是優秀的領導者絕對不可缺少的。那就是「良好的品德」。要讓部屬「為某人效力」或「追隨某個人」，一定要有優良的品德。

當然，沒有人一開始就能夠稱得上品德優良，但卻可以努力培養。為什麼優秀的領導者需要良好的品德呢？我認為，應該是他們總是嚴以律己吧。

例如，人性原本就很脆弱。有時煩惱、猶豫、內心軟弱，有時焦慮、憤怒、情緒低落、無法抗拒誘惑或壓抑不住物質欲望等。

若能了解自己脆弱的一面，且認真面對，產生絕不妥協的決心，才能具備讓自己更加堅強的意識。換句話說，不要太輕易就肯定自己的成就。**勇於承認自己仍有缺點，才會更加努力改正。保持這種態度，自然就能持續成長。**

雖然已經位居高位，仍深知自己還有許多成長空間。對於總是這麼思考的領導者，下屬會對他產生什麼樣的印象呢？

基本上，會希望能夠持續成長的人幾乎都是謙虛的人。他們具有「離成功還早得很」、「現在才剛起步」的強烈意識，因此能夠持續成長。

或許有人會問，如何才能具備這樣的意識？我認為應該將自己的志向以及目標設定在較高的水準之上。遠大的志向不僅僅針對工作，對自我要求也應如此。

擁有具體目標的人，或許只要將自己認為理想的人設定為標竿，便會自我檢討仍然不足之處。謙虛就是從這種不滿足的態度所產生出來的。

或是想像隨時有人在監視著自己，就像上天隨時在觀察著自己一樣。也就是隨時兢兢業業、步步為營。

傲慢的人容易滿足於現狀。但如果明白現在的自己與心中的目標還有很大的差距，應該就傲慢不起來了。因此，不妨抱著敬畏的心。這樣必然能夠虛懷若谷。

只戴一頂帽子

曾擔任世界頂尖品牌星巴克重要幹部的霍華德畢哈（Howard Behar），在他的著作《比咖啡更重要的事》中，用了以下這句話做為標題——

「只戴一頂帽子」。

所謂待人處世之道，有些人主張就像更換帽子般，依面對的對象和所處的環境不同而改變自己的態度。但畢哈認為這麼做不對，無論何時何地都應該只戴一頂帽子。

領導者必須能幹、有威嚴，必須經常指示部屬。

很多人一當上領導者，表現出來的就如同一般人對他們的印象般，想做很多沒有做過的事。事實上，這也與經常更換帽子的道理相同。

在上司面前戴了這頂帽子，在部屬面前卻換了一頂帽子，到了客戶面前又換另一頂帽子，這樣一來，難免會被認為是具有多重人格的人。依對象而改變應對方式，只會讓人失去信賴感而已。

自己就是自己。只要表現原來的自我就好。

刻意逞強終究不是真正的自己。不論面對誰、到哪裡，都應該戴同一頂帽子，用相同的態度和相同的方式來因應，並盡可能謙虛。

我不喜歡因為面對的對象不同而改變態度。因此，不論面對晚輩或長輩都不會改變態度。

這樣的話，別人才會認為你是個謙虛而低調的人。我認為自己在別人眼中是個「普通大叔」就好。

依對象而改變態度，極可能導致自己的人格受到質疑。在上司眼中的評價與部屬眼中的評價不同，這會讓人覺得有問題。

我想，部屬就是從這些地方來觀察一位領導者的。

「46」別讓部屬有機會懷疑你的人格

不道人長短，也不驕傲自誇

日常生活中隱藏著許多人格可能遭受質疑的危險。例如，在背後道人是非就非常糟糕。

說公司的壞話、上司的壞話、同事或部屬的壞話、客戶的壞話，甚至對社會的負面批評或政治批評等等。說壞話或許很痛快，但對聽的人來說感覺並不好。而且，也可能成為別人說三道四的話題。

說人壞話等於是貶低自己的格調，不能不注意。

自吹自擂也是一樣。沒有人會喜歡聽別人不斷自我吹噓或膨脹。若站在別人立場想，就不會自誇了。

我在評價一位領導者時，如果他總是喋喋不休地誇讚自己，我對他的印象大概就僅止於此了。

不過，這並非代表著要刻意隱藏自己的成就。

若能表現出對自己過去的成績並不滿意，未來仍要繼續努力的態度，同時低調地敘述自己的成就，聽起來就不像是在自誇。

如果你擔心這麼做仍會被認為是自誇，那麼，不妨保持沈默。回答別人的問題則另當別論，自己最好不要過於主動說明。

或許你只是想讓大家知道自己是這麼努力，但此時正好可以看出一個人的個性。不需要刻意放大或突顯自己，自然就好。

如果獲得了明確的成績，相信別人一定就會看到。這麼一來，即使自己不說，大家也會經由口耳相傳而了解。

雖然我不斷強調道人長短是不可為之事，但我自己也曾經說人是非，或不由自主地誇讚過自己，結果只是讓自己懊悔不已。正因為這是非常困難的事，因而突顯出「品德」的重要。

權力在握時，正好可以觀察此人的品德

領導者隨著地位的提升，權力也隨之擴大當中。

地位提升後，有所圖而接近你的人也會增多，而擅長阿諛奉承長官的人也出現了。部屬人數增加、能動用的資金增加、公司提供的硬體設備也變好了，更甚者，還掌握了評核或人事調動的權力。

這時，考驗領導者的依然是品德修養。前面也曾經提到，如何拒絕種種誘惑和非法行為？是否能始終如一地做一個正直的人？在在都考驗著此人的品德是否崇高。

權力就是責任。當權力擴大，責任也隨之增加。而在責任增加的同時，是否能夠自律？是否還能注意到比你弱勢的人？

為了拒絕誘惑，在我的潛意識中，始終感覺有人監視著我的一舉一動。

有句俗諺：「人在做，天在看」就很貼切。無時無刻感受到自己被一種神聖力量所注意，就會小心自己的言行舉止。

或是自問自答：「現在的所做所為敢讓自己的孩子知道嗎？能告訴小孩嗎？」也是不錯的方法。

這些就足夠拿來驗證領導者的人格。

47 隨時注意自己的道德高度

如何提高道德層次？

所謂品德高尚是什麼？我認為是指為人光明磊落。那麼，要怎麼做到呢？

一個方法是閱讀能提高品德修養的書。我所接觸的是以《論語》為代表的中國哲學。這類書籍早在二千多年前就告訴我們應該怎麼做，才能成為一個正直不阿的人。所謂的學問，就是教人如何成為道德高尚的人。將這些學問流傳至今的就是《論語》及《孟子》等書，以及安岡正篤等精通中國哲學的人所寫的著作。

閱讀松下幸之助的《如何培養正直的心》或卡內基的《讓鱷魚說人話》等可啟發自我的書也是一個方法。因為這些書籍的原理和原則，與中國哲學幾乎一樣。

也就是說，人該追求的並非權勢與利益，**而是如何提高自己的品德修養**。

也就是能否不斷地努力修身養性？是否能為社會大眾謀福利，而不是為了一己之私？

因此，在管理別人之前，必須先要求自己。

努力提高自己品德、修身養性的人，是不會自吹自擂或道人是非的。即使權力在握也不會利慾薰心，或是在情緒不佳的狀態下遷怒部屬。

這樣的表現，我相信周遭對他的品德修養一定會給予高度的評價。

我很早就發現自己在這方面仍嫌不足，雖然知道很困難，但仍努力提高品德層次、修身養性，抱著捨己為人的意識。

為了能夠持續朝此方向前進，我大量閱讀了安岡正篤的著作，以及中國的四書五經[2]。

我認為保持這種意識和持續閱讀的經驗，是我在充滿波折的人生中能夠長保內心平靜，並幸運地受到周遭人的協助，而得以有所成就的最大原因。

2 譯註：四書為《論語》、《孟子》、《大學》、《中庸》，五經為《易經》、《詩經》、《禮記》、《春秋》、《書經》。

人性的成長才是成功

我曾經見過許多領導者，其中令我印象最深刻的就是美體小舖的創始人安妮塔女士。美體小舖的創業與發展，與安妮塔認為社會中很多銷售手法違反道德良心息息相關。

因此，她追求以真誠來經營事業，認為所有事業如果都以「女性」為出發點，亦即以愛、體諒、直覺等來運作，一定能使社會氛圍大幅改善。

美體小舖也致力於環境保護和人權維護。安妮塔的觀念廣受世人接受，也使得她的事業蒸蒸日上。

我在擔任日本美體小舖社長時，一直感受到極大的壓力。因為我自認為「無法成為像安妮塔一樣了不起的人」。

不過，當我仔細分析安妮塔的做法之後，雖然在程度上還是有所差異，但大方向是一致的，這是令我欣慰的地方。我想她也發現了這一點，因此，在我擔任社長任內給了我相當高的評價，並待我如友人一般。

安妮塔去世時並沒有將龐大的遺產留給女兒，她在生前就已經宣布將捐給財團。而在她自己的書中也曾寫到。她稱自己為社會改革的「活動家」（activist），而非企業經營者。我認為她的一生非常了不起，而且是自始至終貫徹一致的人。

一般人認為，所謂的成功就是成為鉅富，或是獲得了崇高的社會地位。但仔細想想果真如此嗎？

如果一個人以不正當的手段，獲得了龐大的財富或很高的社會地位，能稱得上是成功嗎？

應該仔細思考一下人類生存的最根本是什麼？

成功並不是我們應該追求的。品格的成長才是必須的。而且，我認為品格能不斷有所成長才是一種成功。

48 挫折與失敗經驗會讓人擁有同理心

自己如此脆弱，怎能嚴格要求他人

相信很多人都希望能夠一帆風順、毫無阻礙地便成為領導者。因此，最好不要受到挫折、失敗和痛苦等經驗。但我並不這麼認為。

回想起來，在我進入社會後所受到的第一個重大挫折，就是任職於日產汽車時期，赴美國留學之前必須上英語課程，龐大的工作量再加上英語進修，讓我陷入精神衰弱的痛苦深淵。

在此之前，雖然也曾遭受到各種艱難時刻，但是仍能全力工作，而且也獲得了很好的成績。

因此，我對下屬也同樣要求嚴格，看到表現不好的人，便會不耐煩地指責：

「為什麼連這個也不會？」「為什麼不自己動手試試看？」當時的我，是個傲慢的年輕人。

然而，在開始嘗到精神衰弱的滋味後我開始思考，**自己如此脆弱，怎麼有資格嚴格要求別人？**如果沒有這一段經驗，或許我會成為一個待人嚴厲、驕傲自大，而且令人討厭的傢伙。

但是自從有了受挫的經驗後，我開始懂得體諒別人，也明白同理心的重要。更重要的是，我學會原諒，不再對別人亂發脾氣。

人很脆弱，而且世上沒有完美無缺的人，所以，當顯露出弱點時別把它一回事，這是人之常情。

這個想法，成為後來我以領導者身分提攜後進時的基礎，也讓自己的經營管理方式大幅改變。

拜挫折經驗之賜，我獲得了領導者不能欠缺的「了解他人痛苦」的能力。

人生中沒有無用的經驗

意料之外的經驗，有時會發揮意想不到的功能。前面曾經提到，我在進入日產汽車第三年，曾被外派至銷售公司從事汽車銷售工作，每天挨家挨戶推銷汽車長達一年半之久。我也曾經思考過自己為什麼要從事這樣的工作，即使如此，我依然盡全力爭取社長賞。

從美國留學歸國後，我被分配至財務部門，從事籌措資金、利用財務管理學的方法為公司爭取利潤，在最理想的人才部署中累積經驗。

後來我轉入外商顧問公司工作，公司裡的年輕員工都畢業於日本頂尖大學，具有豐富的知識及邏輯概念，每個人都非常優秀。我雖然比他們年長十歲左右，但光是論聰明才智，實在很難勝過他們。

他們對我轉職之前，在財務部門從事的工作根本沒有什麼興趣。

倒是我在第一線銷售汽車的過程，引起他們極大好奇。因為這些年輕人毫無現場的工作經驗。對他們而言，我那一年半的工作經歷是個陌生世界。因此，我反而因為這種經驗背景而備受他們尊敬。

一般企業員工都不願意從事第一線的工作。但是在顧問公司裡，最受年輕員工尊敬的卻是這種經驗。

我從銷售公司調回總公司參加內部的美國留學選拔考試，銷售公司的社長對我的業績相當肯定，因此大力推薦我。

包括這項因素在內，我在錄取率非常低的考試中順利過關。業務員的經驗，讓我在意想不到之處都發揮了極大的作用，當時的努力確實值得。

根據這麼多年來的職場經驗，我發現不論任何工作，只要努力，這些經驗都很有價值。

它們一定能在某個地方發光發熱。而且，挫折、失敗、痛苦的經驗不但有幫助，意義更是重大。因為它能使人快速成長並鍛鍊品德修養。絕不要逃避挫折和失敗，正面接受挑戰吧。

我也不斷在累積挫折、失敗和痛苦的經驗，即使上了年紀，依然會遭遇挫敗。這時候，我會認為是上帝又在考驗我了，並以此為動力勇往直前。

蘭迪鮑許（Randy pausch）有一句名言：「磚牆在那裡，一定有它的原因。它並不是為了阻擋我們的雙手。而是給予我們機會，好證明我們有多麼渴望得到牆後面的『某樣』東西。」

挫折是可以克服的。而且我認為從艱困中得到的經驗，絕對會在某一天發揮意想不到的作用。

「49」常存無私的心

揭櫫志向與使命的旗幟

讓部屬產生「願意追隨」的想法，該具備什麼樣子的魅力？如何才能顯現出來？雖然實踐起來相當困難，但我認為有一個非常好的方法。

那就是**「抱著無私的心」**。換言之，也就是拋棄私心，完全不要考慮自身利益。

大家不妨試著站在部屬的立場來想一想。一位領導者如果只為了自己的升遷和業績著想的話，部屬還會甘願為他努力嗎？

要求部屬「更加努力」、「創造更大的成果」、「爭取更多的利益」，但目的如果只是為了自己升遷，身為部屬的人一定很難產生工作欲望。

相反的，如果一切是為了公司、為了自己所率領的團隊；或是一切為了員工或部屬的成長，始終以這種態度面對底下的人，情況又會如何呢？我相信員工的工作情緒必定完全不同。

我自己也曾努力盡可能這麼做。先將自身的利益置之度外，亦即不是為了岩田本人，而是以ATLUS社長、美體小鋪社長、星巴克CEO的身分，站在是否對組織有利的立場來判斷。對自己有利還是不利，則完全不在考慮範圍。

時時將這種意識放在心裡，也盡可能努力排除私心。

重要的是，領導者能夠摒除私心到什麼程度。若是明顯的表面功夫、僅顯露出好的一面，只會帶來反效果。事實上，這樣的領導者到處都有，然而，部屬卻都心理有數。

即使嘴邊掛著「是為了公司」、「是為了你們大家」，但是言行舉止之中卻會不經意地表現出私心。部屬可不是笨蛋，絕對有辦法看穿上司的演技，了解他所說的並非真心話。

因此，領導者要具備的是真正無私的心。不過，要做到「捨己」確實很困難。

有一個想法非常值得參考的就是「使命感」。也就是思考你工作的目的是什麼?

若是創業社長，通常企業理念、使命和自己的意志大多一致;相對的，員工在公司中希望達成的事情或許各不相同。但是在同一個組織中工作的人，若不朝著相同方向前進則會出現問題。

因此，共同的理念非常重要。領導者必須向部屬傳達自己真正以無私的心，為了組織而描繪出遠大的志向。

「任人埋怨」的心理準備

前面已介紹過《基業長青》中的「刺蝟原則」。也就是指公司應以「對工作充滿熱情」、「達到世界第一的水準」、「獲得極高的績效與利潤」三個圓圈的交集為使命。

另外還寫到，若將此轉換為個人，則應以「喜歡的事」、「擅長的事」、「對眾人有益的事」三個圓的重疊部分做為個人的使命。

很多人在面對喜歡的事和擅長的事時總能如魚得水，不過，單是這樣還是很難贏得人心。特別是新興企業中經常可見的，有了擅長的事，就會不由自主開始思考如何賺錢。

想賺錢並不是使命。這樣無法贏得他人想要追隨的心。

但如果是為了社會、為了其他人就不一樣了。部屬一定會展現熱忱全力相助。我想，投資人也會配合你的義舉來相挺，消費者也透過購買商品來支持。

以使命為基礎，利用無私的心來達成。雖然未必都能進行順利、獲得預期成果，甚至讓部屬產生不平之鳴。

領導者的努力，或許有些部屬無法理解，甚至因誤會而遭致批判。但身為領導者必須設法克服這些困難。

我認為領導者要有「任人埋怨」的心理準備。

如同《論語》中所言：「子曰，民可，使由之，不可，使知之」，可以用道德讓百姓產生信賴，但要讓所有的百姓都了解當中的道理其實很困難，有時甚至會遭到埋怨。

無私的心，相信自己是為了組織，具備即使遭人怨恨也在所不惜的心理準備也非常重要。這是一種品德的鍛練過程。

而且，肩負起領導者的使命鍛鍊而成的品德，必能讓部屬「願意追隨」。

「50」每一天都是品德修練的道場

養成說謝謝和打招呼的習慣

最能代表領導者的品德，就是每天的言行。

根據每天和什麼人交往，就可知道此人的品德是否端正。

大家都知道，不應該和有負面形象的人交往。例如，態度保守且對事情總是抱持著負面想法、老是只看見別人的缺點、自己該做的事不好好做，卻一味抱怨組織…與這樣的人交往，近朱者赤、近墨者黑，「品德」和「修養」一定會受到負面影響。

每天的言行舉止都會給部屬留下深刻的印象。前一陣子，美體小舖分店店長告訴我一件事。

關於我每周寫給分店店長的信，我在信的最後一定會加上「謝謝」一語令她印象深刻，而且每次都非常感動。

其實，我這麼寫幾乎沒有什麼特別的感覺。只是在寫信時，認為他們一直在第一線努力工作，而抱著感謝的心。還有一點，也謝謝她們在忙碌之中，還抽空閱讀我寫的長篇大論。

我想就是這樣的情緒凝聚起來，理所當然的寫上「謝謝」一詞。

這位經理確實閱讀了我的信，對我的感謝之心有感而發，因而向我表示深受感動。她的反應讓我很開心。

將「謝謝」二字掛在嘴邊已成了我的習慣。

不論在任何職場都是如此，即使是每天見面的部屬，每次交待事情之後，我也會表達謝意。搭乘公車下車時，我也會向司機說謝謝。從這些小地方的累積是非常重要的。

每天「打招呼」也是如此，這不只領導者可以做，而是做人的基本行為。但做不到的人卻出乎意料之多。

因此，言行舉止都不斷受到部屬關注的領導者，更應該要做好這些基本動作。

不論打招呼或說謝謝，這些小習慣都必須確實做到。

不要成為拋棄式的安全刮鬍刀

我曾在雜誌上看到一篇有趣的報導。

男人都需要刮鬍子，有人用安全刮鬍刀，有人用電動刮鬍刀。現在還有一種電動刮鬍刀的刀刃在刮鬍子時，刮鬍刀本身就能同時研磨刀刃，這樣就可以防止刀刃變鈍。

也就是說，刀刃會自動把自己磨利。

相對的，安全刮鬍刀在長期使用後，刀刃會逐漸鈍化。由於刀刃不會自己磨利，最後則是慘遭被拋棄的命運。

這代表著「人不要做拋棄式的安全刮鬍刀，應該做能夠自己磨利的電動刮鬍刀！」

如果自己不努力磨練自己，最後只有被拋棄一途。反過來說，如果不希望被拋棄，就必須不斷地自我磨練。

不論從事什麼工作，都要持續不斷的自我惕勵。所有事物都可以成為磨練自己的材料。這樣的話，就可以培養良好的品德。

所有事物都能成為自己成長的動力。領導者若有這種觀念，我相信部屬一定「願意追隨」。

「51」最後，要時時刻刻相信自己做得到

領導者不一定要滿分不可

我想大家對領導者都有著各種不同的印象。當然，如果所有的事都能完美達成，或許可以成為一個了不起的領導者。

但我認為這不是絕對的。一〇〇分並不是那麼容易達到的，因此，不妨設一個分割點。

輕易妥協固然有問題，若能達到理想的八〇、九〇%，我認為就已經十分完美了，沒有必要做到一〇〇%。因為如果不這麼做的話，可能有一天就會因為壓力而崩潰。

有人在成為領導者之後，反而產生了精神方面的疾病。

我想背後的原因就是認為「絕對要做到完美才行」，身為領導者非如此不可，希望做到十全十美，到最後可能會被這種壓力擊垮。

我在日產汽車時期曾陷入精神衰弱的狀態，原因就是過於執著「非做到最好不可」。到美國留學也一定要選擇全美排名前十的商學院，當然考試的成績也必須非常優異才行，結果就在這種壓力之下，精神受到影響。

我後來發現，有很多前輩選擇進入全美前三十名的學校就讀，不見得非得要前十名不可。當初如果這樣想，我就不必如此勉強，想到這裡才卸下肩上的重擔。不可思議地，後來的成績反而進步神速。

領導者的角色確實伴隨著很大的壓力。但是我認為不要太過執著於完美，即使做得不夠理想，人生也不致於了無希望。

果有這樣的想法，便可減輕內心的負擔。跟部屬也能心平氣和的接觸。一味追求完美，在部屬眼中未必是一個好的領導者。因此，希望大家務必要擁有化解壓力的方法。

我在留學前就讀預備學校時，校長曾對我們說過：

「各位現在雖然很辛苦，但是明年的這個時候，大家就可以躺在美國某個商業學院的草坪上了。請大家想像一下那個情景。」

這讓我的心情頓時輕鬆下來。目前雖然前途未明，而且會相當辛苦。但是這種狀況在一年後必定會結束，並順利進入某商學院就讀。

這段話真的解救了我，而且對我的學習也產生了很大的幫助。

有時不妨想像一下，隨著時間過去必能脫離眼前的困境，迎接光明的未來。

要相信自己，才會進步

要防止自己被逼入困境，有一件事希望大家務必記得。就是要相信自己。也就是相信自己的運氣很好，相信命運之神會將自己帶往正確的道路。

一帆風順不是人生，若遭遇到困難，就如實面對吧。所有困難便能迎刃而解。

天生我才必有用，上帝創造我們一定存在某個原因。

必定有某個生命的意義，自己才需要活著並去實行。與其說是生存，不

如說是被安排活在世上或許更為適合。

事實上，人生中的各種遭遇，有不少事情都會讓你感覺到強烈的必然性。因此，只要心想必能事成。若認為一定是為了發揮某種作用而活在世界上，那麼，便值得相信所有努力必定能開花結果。希望大家嘗試著相信自己。

如果被任命為領導者，就一定能成為優秀的領導者；成為具備優良品德的傑出領導者；而且能夠成功地率領眾多「願意追隨」的部屬。

我也遭遇過許多挫折，而這些挫折都化為寶貴的經驗，在日後發揮了很大的作用。但是如果在挫折中半途而廢，我想，一切都將化為烏有。

如果中途放棄，那麼，必將前功盡棄。但我相信，光明的未來就在前方。只要持續不斷努力，就能帶來嶄新的成就。

我想，這就是我信任自己，也因此而拯救了自己的原因。這樣的話，就可以培養良好的品德。

希望大家要相信自己，努力向前。這是我要傳達給部屬「願意追隨」的領導者的建議。

結語

盡快擔任社長吧！

我非常幸運，在四十多歲就擔任過三家企業的經營者。因此，以上這句話是根據我的體驗，想給大家的建議。

當然，我知道今天很快便在任職的公司升至社長，或是跳槽至其他公司擔任社長並不是簡單的事。那麼，任職公司的子公司如何呢？你不妨勇於爭取擔任子公司的社長，然後走馬上任。

社長的工作真的非常嚴格而且辛苦。

當了社長，責任範圍大幅擴大。一般公司大多由某個部門主管升為社長，成為社長後，從商品開發、行銷、製造、營業、人事、財務等廣泛的知識都必須具備。

就像爬山登上山頂時，視野瞬間開闊的感覺。一切有關於公司前途的大小事都必須做決定。所有員工的身家大計全都繫於我一人身上，如果不好好領導整間公司就對不起太多人了。

所有員工都在注視著自己的言行，一舉手一投足都被檢驗著。

而且，身為公司的代表常常要與外面的人士應酬。「這個人就是社長？」經常會受到銳利的目光注視。

置身於這樣的環境中感想如何？我想，必定可以接受到強力的磨鍊。

在這種嚴酷的環境中，若能創造出理想的業績，相信員工都會十分尊敬你，而且真心誠意地「願意追隨」你。自己在這家公司任職的驕傲感和充實感是沒有任何事物可以取代的，更是了不起的經驗。

因此，我希望有更多的人能盡早成為社長。要達到此目的，就必須盡可能增加擔任領導者的經驗。不論公司內部或外部，只要有機會成為領導者就要積極爭取。

不必限於工作上某項計畫的領導者、團隊的領導者等。聚會的主辦者、結婚喜宴後續攤的召集者、志工團體的領導者、公寓大樓管理委員會的主委等都可以。

有了這些領導者的經驗，日後一定能發揮作用。

在過去，大企業的子公司社長一職，幾乎都是由總公司派人空降。但近年來，不少員工對於這些空降社長為避免風險而不敢挑戰的態度，紛紛表示不滿。

但未來將會改變。為了培養年輕幹部，拔擢他們升任子公司社長的例子也愈來愈多了。

實際上就有人因為經營子公司業績亮麗，而被委任經營更大的子公司，後來四十多歲即成為股票上市公司的經營者。目前仍保持著亮眼的成績。

或許也有人在機會到來時，卻認為自己能力不足而退縮。對於這樣的人，我想介紹一下幕府時代末期，勝海舟與博徒的清水次郎長見面時的故事[3]。

勝海舟問：「有多少人會為你捨命？」次郎長這麼回答：「一個人都沒有。但我會為他們而捨命。」

沒錯，最好有為了公司、為了部屬而犧牲自己的心理準備。一有機會就要積極爭取。

我認為一家企業的總公司社長就應該由這種曾擔任過幾個子公司社長，並在創造出良好業績後，逐漸往上爬的領導者來擔任。這種社長往往不是學校的優等生，而是在實務中鍛鍊出來的。相信未來這樣的公司會逐漸增加。

回顧我自己的經驗，感覺到從第一次到第二次、再從第二次到第三次擔任社長，每次都可以累積到各種經驗，而且能夠更熟練的經營公司。

日本企業的社長大多是年事已高才上任的，做了幾年不久即退休，在社長任內好不容易各方面都熟悉時，卻也要準備交接給後繼者了。我認為日本的企業應多給年輕人機會，培養專業經營者。

或許是因為我本身很年輕就擁有經營的經驗，因此，最近幾年開始產生很強烈的意願，希望培養出年輕的經營者。特別是對於初次成為經營者的人，希望能提供協助。當然這背後也存在身為日本人期望自己國家因年輕、充滿活力而進步。

最近我應邀進入株式會社產業革新機構任職顧問，這個機構是為了創造支撐下一代國家經濟的新產業而設立的。其任務是讓日本的產資源發揮至最大，以加強日本的競爭力。有時還會雇用經營者，協助此機構所投資的企業與經營者一起成長。由於其目的是為了強大自己的國家，因此，我接受了它的邀請。

3 譯註：勝海舟為幕府時代末期的政治家，清水次郎長則是幕府時代末期靜岡縣一帶的俠客型人物。

目前我以此機構成員的身分過著忙碌而充實的日子。可以想像一定有許多與經營者工作性質不同的經驗等著我去體驗。

美國作家理查巴哈在他的名作《天地一沙鷗》中說過一句話——

「我希望過著辛苦但是了不起的人生。」

這是我非常喜歡的一句話，也是我的座右銘。我的人生有高低起伏，有曲折紆迴，也有許多辛苦的一面。

但一路走來讓我自己倍感驕傲，也認為人生非常精彩。這就是我想要過的人生。未來我還希望接受各種挑戰。

如果這本書能幫助你們產生更多讓人「願意追隨」的領導者，我將感到萬分喜悅。

二〇一二年九月

岩田松雄

成為讓部屬願意追隨的上司

51個帶人先帶心的領導力

作　　者　岩田松雄 Matsuo Iwata
責任編輯　蕭書瑜 Maureen Shiao
責任行銷　朱韻淑 Vina Ju
封面裝幀　許晉維 Jin We Hsu
版面構成　譚思敏 EmmaTan
校　　對　葉怡慧 Carol Yeh

發 行 人　林隆奮 Frank Lin
社　　長　蘇國林 Green Su

總 編 輯　葉怡慧 Carol Yeh
日文主編　許世璇 Kylie Hsu
行銷主任　朱韻淑 Vina Ju
業務處長　吳宗庭 Tim Wu
業務主任　蘇倍生 Benson Su
業務專員　鍾依娟 Irina Chung
業務秘書　陳曉琪 Angel Chen
　　　　　莊皓雯 Gia Chuang

發行公司　精誠資訊股份有限公司
　　　　　悅知文化
地　　址　105台北市松山區復興北路99號12樓
專　　線　(02) 2719-8811
傳　　真　(02) 2719-7980
網　　址　http://www.delightpress.com.tw
客服信箱　cs@delightpress.com.tw
ＩＳＢＮ　978-986-510-258-6
建議售價　新台幣３６０元
二版五刷　２０２４年04月

國家圖書館出版品預行編目資料

成為讓部屬願意追隨的上司／岩田松雄著；劉滌昭 譯. -- 二版. -- 臺北市：精誠資訊股份有限公司,2022.11
面；×公分
譯自：「ついていきたい」と思われるリーダーになる51の考え方
ISBN 978-986-510-258-6（平裝）
1.CST: 商業管理 2.CST: 成功法
494.35　　102023396

建議分類｜商業管理・成功法